Mohamed Azab El-Liethy
Gamila El-Taweel
Enas El-Shatoury

Deteção e caraterização de algumas bactérias patogénicas na água

Mohamed Azab El-Liethy
Gamila El-Taweel
Enas El-Shatoury

Deteção e caraterização de algumas bactérias patogénicas na água

ScienciaScripts

Imprint
Any brand names and product names mentioned in this book are subject to trademark, brand or patent protection and are trademarks or registered trademarks of their respective holders. The use of brand names, product names, common names, trade names, product descriptions etc. even without a particular marking in this work is in no way to be construed to mean that such names may be regarded as unrestricted in respect of trademark and brand protection legislation and could thus be used by anyone.

Cover image: www.ingimage.com

This book is a translation from the original published under ISBN 978-3-659-59827-2.

Publisher:
Sciencia Scripts
is a trademark of
Dodo Books Indian Ocean Ltd. and OmniScriptum S.R.L publishing group

120 High Road, East Finchley, London, N2 9ED, United Kingdom
Str. Armeneasca 28/1, office 1, Chisinau MD-2012, Republic of Moldova, Europe
Printed at: see last page
ISBN: 978-620-7-90837-0

Conteúdo

Agradecimentos

Em primeiro lugar, estou grato a **ALLAH**, *o benéfico e misericordioso, que me permitiu realizar este trabalho.*

Gostaria de expressar o meu mais profundo apreço e sincera gratidão à **Prof. E. El-Taweel,** *Professora de Microbiologia da Água e das Águas Residuais, Departamento de Investigação da Poluição da Água, Centro Nacional de Investigação, não só por ter sugerido e supervisionado este trabalho, mas também por ter disponibilizado as instalações necessárias e pela sua orientação contínua.*

Dr. Mohamed A. Abou-Zeid, *Professor de Microbiologia, Departamento de Microbiologia, Faculdade de Ciências, Universidade Ain Shams, por ter supervisionado este trabalho, pelos seus conselhos atenciosos e pela revisão do manuscrito.*

Gostaria de expressar o meu profundo apreço e sincera gratidão ao **Dr. Waled Morsy El-Sonosy,** *Professor Assistente de Microbiologia da Água, Departamento de Investigação da Poluição da Água, Centro Nacional de Investigação, pela sua valiosa assistência nas experiências de biologia molecular deste trabalho.*

Gostaria de agradecer à **Dra. Einas H. El- Shatoury**, *Professora de Microbiologia, Faculdade de Ciências, Universidade de Ain Shams, pelas suas sugestões atenciosas, assistência amável e orientação valiosa na revisão crítica do manuscrito e pelo tempo precioso que disponibilizou ao longo do trabalho.*

Dr. Gamila H. Ali, *Professor de Hidrobiologia, pelo seu importante apoio na experiência com cloro e ao* **Dr. Farag A. Samhan,** *Professor Assistente de Microbiologia da Água, Departamento de Investigação da Poluição da Água, Centro Nacional de Investigação, não só pela supervisão deste trabalho, mas também pela revisão do manuscrito.*

Gostaria de expressar os meus profundos agradecimentos a **todos os membros do Laboratório de Bacteriologia, Departamento de Investigação da Poluição da Água, Centro Nacional de Investigação,** *pelo seu apoio significativo.*

Além disso, gostaria de expressar a minha sincera gratidão e agradecimento ao **Departamento de Microbiologia da Faculdade de Ciências da Universidade Ain Shams** *por me ter ajudado a registar e a concluir esta investigação.*

Por último, um agradecimento especial aos **meus pais, à minha mulher, aos meus filhos e a todos os membros da minha família** *pela sua ajuda e encorajamento.*

Mohamed Azab Rashed EL-leithy

Lista de abreviaturas

APHA	: American Public Health Association
ATCC	: American Typing Culture Collection
BCYE	: Buffered Charcoal Yeast Extract Agar
BGB	: Brilliant Green Lactose Bile Broth
BOD	: Biological Oxygen Demand
BPW	: Buffered Peptone Water
CDC	: Center For Disease Control and Prevention
CFU	: Colony Forming Unit
COD	: Chemical Oxygen Demand
CT-SMAC	: Cefixime-Tellurite Sorbitol Macconky Agar
DO	: Dissolved Oxygen
eaeA	: Intimin Gene
EAggEC	: Entero-Aggregative *E. coli*
EC	: Electrical Conductivity
EHEC	: Enterohemorrhagic *E. coli*
EIEC	: Enteroinvasive *E. coli*
EPEC	: Enteropathogenic *E. coli*
ETEC	: Enterotoxigenic *E. coli*
FC	: Fecal Coliform
FDA	: Food and Drug Administration
FS	: Fecal Streptococci
GUD	: ß- Glucuronidase
HC	: Hemorrhagic Colitis
Hly	:Hemolytic Gene
HPC	: Heterotrophic Plate Count
HUS	: Hemolytic Uremic Syndrome
LPS	: Lipopolysaccharide
MF	: Membrane Filtration Technique
MPN	: Most Probable Number
MTF	: Multiple Tube Fermentation Technique.
ND	: Not Detected
NM	: Nonmotile
NRC	: National Research Center
NSGW	: Nonsterile Groundwater
NSRN	: Nonsterile River Nile Water
NSWW	: Nonsterile Wastewater
PBS	: Phosphate Buffered Saline
PSE	: *Pfizer* Selective Enterococci Agar

rfbE	: O (Somatic) Antigen Gene
SPC	: Standard Plate Count
SDW	: Sterilized Distilled Water
SGW	: Sterilized Groundwater
SLT	: Shiga-Like Toxin
SMAC	: Sorbitol Macconkey Agar
SPSS	: Statistical Package for The Social Sciences
SRN	: Sterilized River Nile Water
ST	: Shiga Toxin
STEC	: Shiga Toxin Producing *E. coli*
Stx	: Shiga Toxin Protein
stx	: Shiga Toxin Gene, Synonyms Include *slt* And *vt*
SWW	:Sterilized Wastewater
TBC	: Total Bacterial Count
TC	: Total Coliform
TDS	: Total Dissolved Solid
TSA	: Trypticase (Or Tryptic) Soy (Soya) Agar
TSB	: Trypticase (Or Tryptic) Soy (or Soya) Broth
TVBC	: Total Viable Bacterial Counts
VACSERA	: Egyptian Organization for Biological Products and Vaccines
VBNC	: Viable but Non-Culturable
VT	: Vero Toxin
VTEC	: Verotoxin Producing *E. coli*
WHO	: World Health Organization

Resumo

Nome do estudante: Mohamed Azab Rashed El-Leithy

Título da tese: "Deteção e caraterização molecular de algumas bactérias patogénicas na água"

Grau : Doutor em Filosofia em Ciências (Microbiologia).

Os indicadores bacterianos convencionais continuam a ser o padrão de ouro útil na avaliação da qualidade da água. No entanto, a presença de bactérias viáveis mas não cultiváveis continua a causar surtos graves através da utilização de água contaminada por agentes patogénicos para fins de consumo e/ou recreativos. O objetivo deste trabalho foi combinar o método de cultura com a PCR, tanto monoplex como multiplex, a fim de determinar o risco potencial da água examinada. Foram utilizados métodos de cultura para detetar indicadores bacterianos e bactérias patogénicas seleccionadas, nomeadamente *Escherichia coli* O157:H7, *Legionella* spp. e *Helicobacter pylori*. Além disso, a PCR foi utilizada para detetar a *E. coli* O157:H7 e uma PCR multiplex foi utilizada para detetar simultaneamente os seis genes de virulência seleccionados (*flic, stx1, stx2, eae, rfbE* e *hly*). Foram recolhidas cento e setenta e cinco amostras de água diferentes no Egipto. As amostras de água foram recolhidas do rio Nilo (ramo Rossita), do mar Mediterrâneo, de esgotos, de águas residuais hospitalares e de águas subterrâneas. *Legionella* spp. e *H. pylori* foram detectadas por métodos de cultura em meios selectivos em 25 e 33% das amostras de água examinadas, respetivamente. Os resultados mostraram que

A PCR foi mais exacta do que o método de cultura na deteção de *E. coli* O157:H7 em 34% das amostras de água, enquanto a cultura em ágar HiCrome Selective EC O157:H7 levou à deteção de apenas 32%. As caracterizações dos seis genes de virulência da *E. coli* O157:H7 mostraram que o gene do antigénio O157 (*rfbE*), o gene da intimina (*eae*) e o gene da toxina Shiga 2 (*stx2*) se encontravam em 98% dos isolados locais examinados, o gene da toxina Shiga 1 (*stx1*) em 84% e o gene do antigénio flagelar (*flic*) em 66%, enquanto o gene da hemolisina (*hlyA)* se encontrava em 0%.

A resistência dos isolados locais de *E. coli* O157:H7 e *Legionella* aos antibióticos também foi estudada. Verificou-se que 100% dos isolados de *E. coli* O157:H7 eram resistentes à amoxicilina e 77% eram resistentes à claritomicina. Além disso, todos os isolados de *Legionella eram resistentes* à tetraciclina e à claritomicina, 80% e 70% eram resistentes à ciprofloxacina e à amoxicilina, respetivamente.

A sobrevivência de *E. coli* O157:H7 na água também foi examinada;

verificou-se que a sobrevivência prolongada de *E. coli* O157:H7 foi observada até 98 dias em águas residuais esterilizadas, seguida de sobrevivência durante 84 dias tanto em águas subterrâneas esterilizadas como em águas do rio Nilo.

Finalmente, a eficiência da cloração para a desativação de *E. coli* O157:H7 e *L. pneumophila* testadas também foi testada. Verificou-se que a desativação da *E. coli* O157:H7 isolada do ambiente exigia concentrações mais elevadas de cloro quando comparada com a estirpe de referência *E. coli* O157:H7 ATCC 35150. Além disso, ao comparar ambas as estirpes de referência de *E. coli*

O157:H7 ATCC 35150 e *L. pneumophila* ATCC 33152. Verificou-se que *a* desativação de 99,98% de *L. pneumophila* ATCC 33152 exigia uma dose de cloro superior a 2,6 mg/l, em comparação com 1,4 mg/l para *E. coli* O157:H7 ATCC 35150.

Introdução

Cerca de 75% da crosta terrestre está coberta de água; o corpo humano é composto por aproximadamente 70% de água **(Pant, 2004)**. As doenças transmitidas pela água são uma grande ameaça mundial para a saúde pública, apesar dos avanços significativos na tecnologia de tratamento da água e das águas residuais. **Prüss *et al.* (2002)** estimaram que as doenças transmitidas pela água são responsáveis por 4,0% de todas as mortes e por 5,7% do peso total das doenças a nível mundial. Recentemente, estima-se que cerca de 3,0% de todas as mortes no mundo são atribuídas à água não segura causada por falta de saneamento e higiene, um problema particularmente grave nos países em desenvolvimento **(OMS, 2009)**.

Os agentes microbianos da gastroenterite, incluindo *Campylobacter, Salmonella, Shigella, Listeria, Yersinia, Legionella, Aeromonas* e agentes patogénicos emergentes, como a *E. coli* enterohemorrágica O157:H7 e *Helicobacter pylori, contaminam* a água **(Sidhu e Toze, 2009)**.

A E. coli O157:H7 causa um vasto espetro de doenças humanas, incluindo diarreia sanguinolenta e não sanguinolenta, colite hemorrágica (HC), insuficiência renal ocasional, síndrome hemolítico urémico (HUS) e, por vezes, morte. A contaminação por *E. coli* O157 da água potável, de superfície e de recreio surgiu como uma causa importante de doença humana **(Chalmers *et al.*, 2000; Elder *et al.*, 2000)**.

Também é bem conhecido que *a Legionella* spp. causa a doença dos legionários e a febre de Pontiac **(Atlas, 1999; Sabria, 2004)**. A água é o principal reservatório de *Legionella spp*;

Legionella spp. foi detectada em 40-80% dos ambientes de água doce **(Mermel *el al.*, 1995; Lau e Ashbolt, 2009)**.

A H. pylori causa até 95% das úlceras duodenais e 80% das úlceras gástricas e entre 50 e 90% de todos os cancros do estômago **(Rupnow *et al.*, 2000)**. Nos países em desenvolvimento, 70 a 90% da população é portadora de *H. pylori* **(Dunn *et al.*, 1997)**. *O H. pylori* é considerado um agente patogénico de origem hídrica transmitido em diferentes ambientes aquáticos, incluindo água potável, águas residuais e água do mar **(Cellini *et al.*, 2004; Queralt *et al.*, 2005)**.

Embora os indicadores bacterianos sejam muito úteis na monitorização de rotina da presença de bactérias patogénicas em ambientes aquáticos **(Noble *et al.*, 2003; Haller *et al.*, 2009)**, apresentam muitas limitações, tais como a incapacidade de os indicadores bacterianos reflectirem informações sobre a presença de todos os agentes patogénicos e as fontes de poluição fecal na água ambiental, podendo também não reflectir o número real de agentes patogénicos nem as doses infecciosas de cada agente patogénico **(Field e Samadpour, 2007; Stoeckel e Harwood, 2007).** Assim, é necessária uma monitorização regular dos agentes patogénicos transmitidos pela água para proteger a saúde pública **(Hunter, 1997; Marshall *et al.*, 1997).**

A E. coli O157:H7 foi detectada em alimentos e na água utilizando métodos de cultura **(Manafi e Kremsmaier, 2001; Meng *et al.*, 2007).** Além disso, foram desenvolvidos métodos de PCR que visam alguns genes de virulência para a deteção de *E. coli* O157 em ambientes alimentares e aquáticos **(Fagan *et al.*, 1999; Fratamico *et al.*, 2000; Bai *et al.*, 2010).**

O método de cultura continua a ser o padrão de ouro para a identificação de *Legionella* spp. Além disso, o CDC sugere a cultura ambiental de rotina da água de abastecimento para a deteção de *Legionella* spp. **(Sabria, 2004). Não** existe um método padrão para a deteção de *H. pylori* em amostras ambientais. A exatidão dos resultados varia de acordo com a sensibilidade e a especificidade dos métodos de deteção utilizados **(Lu *et al.*, 2002).**

Assim, esta investigação foi levada a cabo para detetar e enumerar *E. coli* O157:H7, *Legionella* spp. e *H. pylori* em diferentes fontes de água.

Este objetivo foi alcançado através de:

(1) Deteção de *E. coli* O157:H7 por métodos de cultura e de PCR multiplex.

(2) Deteção de *Legionella* spp. e *H. pylori* por métodos de cultura.

(3) Investigação da prevalência de seis genes de virulência de *E. coli* O157:H7 na água.

(4) Determinação da suscetibilidade a antibióticos de isolados de *E. coli* O157:H7 e *Legionella.*

(5) Investigação da sobrevivência de estirpes de *E. coli* O157:H7 em diferentes tipos de água.

(6) Determinação da concentração de cloro necessária para a inativação de diferentes estirpes de *E. coli* O157:H7 e L. *pneumophila.*

I. Revisão da literatura

A água e as águas residuais podem conter uma grande variedade de bactérias que causam infecções intestinais ou extra-intestinais. Um dos objectivos do tratamento da água potável e das águas residuais é reduzir o número de organismos viáveis para níveis aceitáveis e remover ou inativar todos os agentes patogénicos capazes de causar doenças humanas. Apesar do sucesso dos programas de tratamento de água e saneamento na melhoria da saúde pública, continuam a ocorrer casos esporádicos e surtos de doenças transmitidas pela água (**APHA, 2011**).

A transmissão de doenças através da água pode resultar da sobrecarga, ausência e/ou mau funcionamento dos sistemas de tratamento de águas residuais sanitárias e de água potável. Além disso, as actividades recreativas comuns ao ar livre, tais como a natação (incluindo piscinas e banheiras de hidromassagem) e o esqui aquático, colocam os seres humanos em risco de os agentes patogénicos transmitidos pela água entrarem nos hospedeiros humanos através de pele intacta ou comprometida, inalação, ingestão, aspiração e contacto direto com as membranas mucosas dos olhos, ouvidos, nariz, boca e genitais. Os surtos de gastroenterite, faringoconjuntivite, foliculite, otite e pneumonia estão associados a estas actividades recreativas. As áreas recreativas contribuem para a contaminação das águas superficiais e subterrâneas (**Pitlik *et al.*, 1987**).

Ao detetar agentes patogénicos em amostras de água, é aconselhável incluir análises de organismos indicadores. Atualmente, os coliformes (coliformes totais (CT), coliformes fecais (CF) e *E. coli*), coliformes fecais

1. Revisão da literatura Os estreptococos (FC) têm sido propostos como indicadores da qualidade da água (**Grabow *et al.*, 1998; APHA, 2011**).

Os testes de CT e FC e de *E. coli* são úteis, uma vez que é raro isolar bactérias patogénicas entéricas na ausência de contaminação fecal. Outros indicadores mais gerais podem também ser úteis para avaliar o potencial de contaminação por agentes patogénicos e para interpretar os resultados das culturas. A contagem de placas heterotróficas (HPC) fornece informações sobre o número total de bactérias organotróficas aeróbias e é considerada um indicador da composição orgânica total da água (**Castillo *et al.*, 2001; OMS, 2002**).

Nenhum indicador isolado dá garantias de que a água está isenta de agentes patogénicos. A escolha do indicador de monitorização pressupõe uma compreensão dos parâmetros a medir e a relação do indicador com o agente patogénico. Alguns agentes patogénicos bacterianos, tais como *Pseudomonas, Aeromonas, Plesiomonas, Yersinia, Vibrio, Legionella* e

Mycobacterium, podem não se correlacionar com os indicadores de coliformes. Os indicadores bacterianos também podem não se correlacionar com vírus ou parasitas em águas pristinas ou subterrâneas, e podem ser de utilidade limitada em águas estuarinas e marinhas **(APHA, 2011).**

1.1. Tipos de água no Egipto

1.1.1. Água do rio Nilo

O rio Nilo percorre o Egipto ao longo de cerca de 950 km, começando a jusante da barragem de Assuão até à barragem do Delta a montante, onde se divide em dois braços, o braço de Rossita e o braço de Damietta, cada um dos quais corre separadamente para o Mar Mediterrâneo. O ramo Rossita estende-se para norte ao longo de cerca de 239 km na fronteira ocidental do Delta do Nilo **(Zaghloul e Elwan, 2011).**

Num estudo realizado por **Abdel-Dayem *et al.* (1992), verificou-se** que, durante o mês de janeiro de cada ano, morria uma enorme quantidade de peixes; o nível de poluição era 20 vezes superior ao permitido. Este problema de poluição ameaça a vida dos egípcios.

O Ramo Rossita tem uma largura média de 180 m e uma profundidade de 2 a 4 m. Termina na Barragem de Edfina, 30 km a montante do mar, que liberta o excesso de água para o Mar Mediterrâneo. O Ramo Rossita recebe mais de 3 milhões de m^3 /dia de resíduos domésticos e industriais não tratados ou parcialmente tratados, para além de água de drenagem agrícola **(El Gammal e El Shazely, 2008)**. O Ramo Rossita é afetado pelos esgotos agrícolas localizados ao longo das suas margens e pelas empresas industriais da cidade de Kafr El-Zayat. Os drenos são EL-Rahawy, Sabal, El-Tahreer, Zaweit El-Bahr e Tala. Estes esgotos agrícolas recebem também águas domésticas de cinquenta e cinco cidades e aldeias distribuídas ao longo do ramal. Os principais emissários industriais são as empresas El-Maliya, Mobidat e Salt and Soda, que descarregam diretamente na margem leste do braço. Estas duas fontes de poluição deterioram potencialmente a qualidade da água **(Donia, 2005; EPADP, 2008).**

O sistema de drenagem de El-Rahawy recebe uma grande quantidade de águas residuais municipais e industriais, não tratadas e parcialmente tratadas, provenientes das estações de tratamento de águas residuais primárias de Zenin e secundárias de Abou-Rawash, na zona de Gizé, para além das águas residuais agrícolas da zona circundante. O sistema de drenagem descarrega no Nilo através da estação de bombagem de El-Rahawy, no braço da Rossita. Esta bomba não está a funcionar agora, uma vez que a água está a fluir para o Nilo por gravidade, devido aos elevados níveis de água. Duas estações de tratamento principais, Zenin e Abu-Rawash, estão localizadas na bacia de drenagem de El-Mouheet, com capacidades máximas de tratamento de efluentes de 700 000 e 400 000 m³ /dia, respetivamente **(MWRI, 2003).**

O esgoto de El-Rahawy tem sérios impactos na qualidade da água do braço da Rossita devido às suas elevadas cargas orgânicas, o que afecta a adequação do braço como fonte de abastecimento de água potável. Isto pode ser atribuído à elevada carga de poluição bacteriana e às elevadas concentrações de NH_3 , sólidos totais dissolvidos (TDS), condutividade eléctrica (EC), turvação, carência biológica de oxigénio (BOD), alcalinidade total e depleção reconhecida do oxigénio dissolvido (DO), tal como relatado por **El Gammal e El Shazely (2008)**.

As principais fontes de poluição do Ramo Rossita são El- Rahawy Drain que está localizado no km 9, Sabal Drain localizado no km 70.4, e Tala Drain no km 119.3 (considerando que a Barragem do Delta é o km 0) **(Willems *et al.*, 2005).**

Embora o Egipto tenha o grande rio Nilo, que é a principal fonte de água, esta água está limitada a cerca de 55,5 mil milhões de m³ /ano. Esperava-se que o Egipto dependesse em certa medida das águas subterrâneas e, por isso, foram desenvolvidos novos projectos como Tushka no Alto Egipto e Oweinat Oriental **(El-Tahalawi *et al.*, 2007).**

Os principais aquíferos subterrâneos estendem-se no deserto ocidental, no Sinai, a jusante e a oeste do Delta (vale de Natroun e estrada do deserto Cairo-Alexandria), em Salheyia e no sul do Alto Egipto **(Engelman e Le Roy, 1993)**. Esta água é renovável porque tem origem nas fugas do Nilo, na drenagem e no excesso de água de irrigação **(Abdel-Dayem, 1994).**

Existem algumas formações geológicas no deserto egípcio que transportam água subterrânea. Entre estas camadas geológicas encontra-se o calcário Nobiano no deserto ocidental que abastece o Oásis do Novo Vale. A água numa camada encontra-se a uma profundidade de apenas 60100 m em torno da área de East-Oweinat. Os oásis de Dakhla, Kharga e Siwa encontram-se em formações geológicas semelhantes, mas a água encontra-se geralmente a profundidades variáveis **(Abdel-Shafy e Aly, 2002).**

Em algumas províncias do Egipto, as águas subterrâneas não são seguras e estão poluídas, uma vez que são bombeadas de poços pouco profundos para serem consumidas sem qualquer tipo de tratamento, especialmente nas zonas rurais, onde cerca de metade da população (35 milhões de pessoas) ou mais não tem acesso a sistemas de esgotos ou a instalações de tratamento de águas residuais, sendo a fossa séptica a instalação de eliminação mais comum, onde os excrementos e uma quantidade limitada de água de lamas podem ser recolhidos para digestão biológica. Os excrementos digeridos lixiviam-se para o solo que circunda a fossa e, consequentemente, poluem as águas subterrâneas pouco profundas. Além disso, os fertilizantes agrícolas utilizados nestas zonas infiltram-se normalmente nas águas subterrâneas. A utilização destas fontes para o abastecimento de água potável é arriscada para o consumo humano devido à presença de agentes patogénicos transmitidos pela água e de sais de azoto e fósforo **(Ramadan, 2008)**.

1.1.4. Águas residuais hospitalares

Tem-se prestado cada vez mais atenção à presença de poluentes emergentes nas águas superficiais e subterrâneas, como os tensioactivos e os produtos farmacêuticos, porque as suas vendas estão a aumentar continuamente **(Daughton, 2004; Ternes e Joss, 2006)**. As águas residuais dos hospitais têm uma qualidade semelhante à das águas residuais municipais e são fontes importantes de resíduos de produtos farmacêuticos em todos os efluentes das estações de tratamento de águas residuais (ETAR) devido à sua remoção ineficiente nos sistemas convencionais **(Gautam *et al.*, 2007; Onesios *et al.*, 2009)**. Além disso, os hospitais produzem quantidades relativamente grandes de águas residuais que podem conter vários materiais potencialmente perigosos de microcontaminantes, produtos químicos, metais pesados, desinfectantes e detergentes específicos resultantes do diagnóstico, actividades laboratoriais e de investigação, medicamentos e microrganismos que são excretados pelos doentes **(Jolibois e Guerbet, 2006)**. Estes contaminantes, se não forem tratados, podem provocar surtos de doenças transmissíveis, epidemias de diarreia, contaminação da água e poluição radioactiva. As águas residuais dos hospitais contêm poluentes que são perigosos e requerem tratamento no local para evitar a contaminação do sistema de esgotos e dos rios da cidade **(Gautam *et al.*, 2007)**.

Os hospitais consomem uma quantidade significativa de água num dia, variando entre 400 e 1200 l/dia/cama **(CCLIN Paris-Nord, 1999)**. As concentrações de flora bacteriana nos efluentes hospitalares variam entre $2,4 \times 10^3$ CFU/100ml e 3×10^5 CFU/100ml **(Bernet e Fines, 2000)**. Estas concentrações são inferiores às 10^8 UFC/100ml geralmente presentes no sistema de esgotos municipal **(Metcalf e Eddy, 1991)**.

1.2. Indicadores bacterianos da qualidade da água

A água contaminada por material fecal de seres humanos e animais pode conter uma grande variedade de microrganismos patogénicos. Os programas de proteção da saúde exigem a estimativa do nível de contaminação da água por estes agentes patogénicos. Assim, são normalmente utilizados vários indicadores bacterianos para avaliar a contaminação fecal da água. Durante anos, o CT e o FC foram os indicadores bacterianos mais utilizados mas, recentemente, a abundância de *E. coli demonstrou* estar mais relacionada com o risco sanitário do que outros coliformes **(Fewtrell e Bartram, 2001)**.

1.2.1. Contagem de placas heterotróficas (HPC)

HPC anteriormente conhecida como contagem padrão em placa (SPC), contagem total de bactérias viáveis (TVBC) e contagem total de bactérias (TBC). As colónias podem surgir a partir de pares, cadeias, aglomerados ou células individuais, todos expressos em unidades formadoras de colónias (CFU) **(APHA, 2011)**. **As** HPC representam as bactérias aeróbias e anaeróbias facultativas que obtêm o seu carbono e energia a partir de compostos orgânicos. Este grupo inclui: *Pseudomonas, Aeromonas, Klebsiella, Flavobacterium, Enterobacter, Citrobacter, Serratia, Acinetobacter, Proteus, Alcaligenes, Moraxella* e micobactérias não tuberculosas. Alguns membros deste grupo são agentes patogénicos oportunistas (por exemplo, *Aeromonas*, *Flavobacterium*), e um elevado número de HPC tem um efeito na saúde humana **(Bitton, 2005)**.

As bactérias recuperadas através de testes HPC incluem geralmente bactérias de origem natural (não perigosas) e podem incluir bactérias patogénicas em águas poluídas **(Bartram *et al.*, 2003)**.

Os testes de HPC têm uma longa história de utilização na microbiologia da água. [th]No final do século XIX, os testes de HPC eram utilizados como indicadores dos processos de tratamento e como indicadores indirectos da segurança da água. [th]A utilização da HPC como indicador de segurança diminuiu com a adoção de bactérias indicadoras fecais específicas durante o século XX **(Bartram *et al.*, 2003)**.

O nível de HPC na água potável não deve exceder 500 CFU/ml **(Bitton, 2005)**, e em alguns países permite HPC de 100 CFU/ml **(SABS, 2001; WHO, 2002)**. No Egipto, a HPC não deve exceder 50 CFU/ml **(Egyptian Standard, 2007)**. Os números acima destes limites indicam geralmente uma deterioração da qualidade da água nos sistemas de distribuição **(Bitton, 2005)**.

As medições de HPC são utilizadas para (a) indicar a eficácia do processo de tratamento da água, assim como uma indicação indireta da remoção de patogéneos, (b) medir o número de microrganismos recrescentes que podem ou não ter significado sanitário, e (c) medir a possível interferência com as medições de coliformes em métodos de cultura baseados na lactose **(Bartram *et al.*, 2003)**.

1.2.2. Coliformes totais (CT)

A CT pertence à família Enterobacteriaceae e inclui as bactérias aeróbias e anaeróbias facultativas, Gram-negativas, não formadoras de esporos, em forma de bastonete, que fermentam a lactose com produção de gás em 48 h a 37° C **(Haller *et al.*, 2009; APHA, 2011)**.

Os CT incluem *E. coli*, *Enterobacter*, *Klebsiella* e *Citrobacter* (**LeChevallier *et al.*, 1983**). Estes coliformes são descarregados em números relativamente elevados ($2,0 \times 10^9$ coliformes/dia/capita) nas fezes humanas e animais, mas nem todos são de origem fecal. Embora muitas bactérias coliformes e outros organismos indicadores possam não ser patogénicos, a sua presença na água pode indicar a presença de agentes potencialmente patogénicos, incluindo vírus do trato intestinal de animais de sangue quente (**Noble *et al.*, 2003; Haller *et al.*, 2009**).

A CT é útil para determinar a qualidade da água potável e da água para fins recreativos. Alguns membros (por exemplo, *Klebsiella*) deste grupo podem por vezes crescer sob stress em resíduos industriais e agrícolas. Nas estações de tratamento de água, a CT é um dos melhores indicadores da eficiência do tratamento (**Bitton, 2005**).

1.2.3. Coliformes fecais (CF)

A FC é uma bactéria termotolerante que inclui todos os coliformes que podem fermentar a lactose a 44,5° C. A FC é constituída por *E. coli* e *Klebsiella pneumonae*. A presença de FC indica a presença de material fecal de animais de sangue quente. Alguns investigadores sugeriram a utilização de *E. coli* como indicador de poluição fecal, uma vez que pode ser facilmente distinguida de *Klebsiella pneumonae* (por exemplo, ausência de urease e presença de β-glucuronidase). A CF apresenta um padrão de sobrevivência semelhante ao dos agentes patogénicos bacterianos. A CF não é fiável no que diz respeito à contaminação de ambientes aquáticos com vírus e quistos de protozoários e pode também voltar a crescer no ambiente. A deteção do crescimento de *E. coli* em locais pristinos numa floresta tropical sugere que pode não ser um indicador fiável de poluição fecal em ambientes tropicais (**Bitton, 2005**).

As principais vias de poluição por coliformes das fontes naturais de água incluem as águas superficiais e as águas não tratadas ou parcialmente tratadas, incluindo os resíduos domésticos, agrícolas e industriais. *A E. coli* e outros coliformes podem ser encontrados em águas superficiais, poços, água de consumo e águas residuais (**Haller *et al.*, 2009**).

Atualmente, os coliformes e a *E. coli* são de grande importância entre os indicadores bacterianos utilizados na definição da qualidade da água e do risco para a saúde (**Giannoulis *et al.*, 2005**). Assim, as bactérias coliformes, especialmente a CF, são utilizadas para avaliar a segurança microbiológica dos recursos hídricos (**Haller *et al.*, 2009**) e como medidas substitutas do risco de infeção para os seres humanos (**Kay *et al.*, 2007**). Além disso, os parâmetros microbianos não patogénicos, como a CF, são mais facilmente monitorizados e estudados em ambientes laboratoriais e de campo (**Oliver** *et al.*, 2009).

1.2.4. Estreptococos fecais (FS)

A FS é constituída por várias espécies, *tais* como *S. faecalis, S. faecium, S. avium, S. bovis, S. equinus* e *S. gallinarum* (**Sneath *et al.*, 1986**).

O grupo dos enterococos é um subgrupo da FS que inclui *S. fecalis, S. faecium, S. gallinarum* e *S. avium*. Os enterococos diferenciam-se dos outros *estreptococos* pela sua capacidade de crescer em NaCl a 6,5%, a pH 9,6, e a 10°C e 45°C. A porção de enterococos da FS é um indicador bacteriano valioso para determinar a extensão da contaminação fecal de águas superficiais recreativas. Estudos em praias balneares marinhas e de água doce indicaram que a gastroenterite associada à natação está diretamente relacionada com a qualidade da água balnear e que os enterococos são o indicador bacteriano mais eficiente da qualidade da água (**APHA, 2011**).

O habitat normal do FS é o trato gastrointestinal de animais de sangue quente. Em tempos, pensou-se que *S. faecalis* e *S. faecium eram* mais específicos do ser humano do que outros *Streptococcus* spp. Outras espécies foram observadas nas fezes humanas, mas com menor frequência (**Watanabe *et al.*, 1981**). Da mesma forma, *S. bovis, S. equinus* e *S. avium* não são exclusivos de animais, embora geralmente ocorram em densidades mais altas nas fezes de animais (**Thomas e Levin, 1978**). Certas espécies de estreptococos predominam em algumas espécies animais e não em outras, mas não é possível diferenciar a fonte de contaminação fecal com base na especiação de estreptococos fecais. As edições do Standard Methods anteriores à 17th sugeriam que o rácio FC/FS poderia fornecer informações sobre a fonte de contaminação. Um rácio superior a quatro era considerado indicativo de contaminação fecal humana, ao passo que um rácio inferior a 0,7 era sugestivo de contaminação por fontes não humanas (**APHA, 1989**).

O valor deste rácio tem sido questionado devido às taxas de sobrevivência variáveis dos grupos de estreptococos fecais; *S. bovis* e *S. equines* morrem rapidamente, uma vez expostos a ambientes aquáticos, enquanto *S. fecalis* e *S. faecium* tendem a sobreviver mais tempo (**Feacham, 1975**). Além disso, a desinfeção das águas residuais parece ter um efeito significativo no rácio destes indicadores, o que pode resultar em conclusões erróneas relativamente à fonte de contaminantes (**Rosser e Sartory, 1982**). O rácio é também afetado pelos métodos de contagem de FS. O procedimento de filtração por membrana KF tem uma contagem de falsos positivos que varia entre 10 e 90% em águas marinhas e doces (**Ericksen *et al.*, 1993**). Por estas razões, o rácio FC/FS não pode ser recomendado, e não deve ser usado como um meio de diferenciar fontes de poluição humana e animal (**Ericksen *et al.*, 1993; APHA, 2011**).

Por último, a CF e a FS são tradicionalmente utilizadas como indicadores bacterianos para garantir a segurança microbiológica da água potável, dos recursos hídricos naturais e das águas residuais **(Sidhu e Toze, 2009)**.

1.3. Algumas bactérias patogénicas na água

1.3.1. *E. coli* patogénica O157:H7

1.3.1.1. Perspetiva histórica

A E. coli é uma espécie geneticamente diversa, sendo a maioria dos seus membros não patogénica e parte da microflora intestinal natural dos seres humanos e dos animais **(Eblen, 2007)**. *A E. coli* não foi identificada como um agente patogénico humano até ao início da década de 1940 **(Bray e Beavan, 1948)**.

Os surtos surgiram tanto a partir de água de abastecimento **(Swerdlow *et al.*, 1992)** como de água para fins recreativos **(Brewster *et al.*, 1994)**.

Algumas *E. coli* patogénicas têm uma dose infecciosa baixa. Estima-se que a dose infecciosa de *E. coli* O157:H7 seja pequena, variando de 10 a 100 células **(Bell *et al.*, 1994)**.

A E. coli serotipo O157:H7 foi isolada pela primeira vez em 1975 de uma mulher da Califórnia com diarreia sanguinolenta **(Riley *et al.*, 1983)**. **Riley *et al.* (1983)** demonstraram que *a E. coli* O157:H7 foi identificada apenas uma vez nos EUA antes de 1982 no Centro de Controlo e Prevenção de Doenças (CDC). Durante o período de 1982 a 1993, foram comunicados pelo menos 20 surtos de *E. coli* O157:H7 nos EUA **(USDA, 1994)**. Estes surtos afectaram 1.509 pacientes, resultando na hospitalização de 346 pacientes, 86 casos de síndrome hemolítico-urémica (SHU) e 19 mortes. Em 1993, foram registados 13 surtos e, em 1994, 30 surtos **(Armstrong *et al.*, 1996)**. O maior surto multiestatal nos EUA ocorreu no início de 1993, com mais de 700 doenças e 4 mortes **(Bell *et al.*, 1994)**. Estima-se que *a E. coli* O157:H7 cause 73 000 doenças por ano nos EUA e a *E. coli* produtora de toxina shiga não-O157 (STEC), 37 000 doenças; e que ocorram 91 mortes por ano nos EUA **(Mead *et al.*, 1999)**. Além disso, o CDC comunicou que, nos EUA, 1322 casos foram notificados como surtos transmitidos pela água e infectados por *E. coli* toxigénica (inclui *E. coli* O157:H7, *E. coli* O121:H19 e *E. coli* O26:NM (não móvel)) durante 1991-1997.

Johnson *et al.* (1983) referiram que os investigadores canadianos do centro laboratorial para o controlo de doenças identificaram seis isolados citotóxicos de *E. coli* O157:H7 entre 1978 e 1983, ao rastrearem estirpes de *E. coli* enterotoxigénicas e citotóxicas isoladas de doentes com diarreia. Além disso, foram registados 15 surtos de 1982 a 1987 com 242 casos, 24 casos de SHU e 15 mortes **(Karmali, 1989)**.

O primeiro surto comunitário reconhecido de *E. coli* O157:H7 na Europa ocorreu no Reino Unido no verão de 1985, afectando pelo menos 24 pessoas. Onze pacientes foram hospitalizados e um morreu **(Morgan et al., 1988)**. Em Inglaterra e no País de Gales, *a E. coli* O157:H7 foi isolada em 39% dos casos esporádicos de colite hemorrágica (HC) **(Smith et al., 1987)** e em 33% dos casos esporádicos de SHU **(Scotland et al., 1988)**. Num surto de SHU em West Midlands, o O157:H7 foi isolado em 33% dos casos **(Willshaw et al., 2001)**. Foram registados surtos subsequentes e casos esporádicos no Reino Unido **(Salmon et al., 1989)**.

A Escócia tem uma das taxas mais elevadas de infeção por O157, que aumentou de 1,37/100 000 habitantes em 1989 **(Thomas et al., 1996)** para 32,3/100 000 em 1996 **(Reilly e Carter, 1997)**. O pior surto de intoxicação alimentar com STEC O157 na Escócia ocorreu em 1996, com 501 casos; 151 foram hospitalizados e 20 idosos morreram **(Ahmed e Donaghy, 1998)**.

O maior surto de *E. coli* produtora de verotoxina (VTEC) foi registado na Irlanda, numa pequena zona rural do Centro-Oeste da Irlanda **(Mannix et al., 2005)**. Além disso, em Espanha, o surto de *E. coli* O157:H7 em agosto-setembro de 2006 resultou em 199 pessoas doentes e 2 mortes devido a alimentos contaminados com espinafres **(FDA, 2006)**.

Na Alemanha, **o RKI (2011)** relatou 838 casos de SHU e 2.764 casos de gastroenterite enterohemorrágica por *E. coli* (EHEC) (sem desenvolvimento de SHU), ou seja, um total de 3.602 casos atribuíveis ao surto. A hospitalização é provável em todos os casos de SHU (59% dos casos de EHEC foram notificados). Entre os doentes com SHU, 30 (3,6%) morreram, entre os doentes com gastroenterite por EHEC, 17 (0,6%) morreram.

1.3.1.2. Taxonomia e características microbiológicas

A E. coli é um membro da família Enterobacteriaceae, que inclui bactérias Gram-negativas, anaeróbias facultativas, em forma de bastonete, geralmente catalase-positivas, geralmente redutoras de nitrato e móveis por flagelos peritríquios ou bactérias não móveis **(Don et al., 1986)**.

A E. coli está dividida em serogrupos e serótipos com base em diferenças nos antigénios da superfície da célula bacteriana, (O) antigénios da membrana externa, (H) antigénios dos flagelos e (k) antigénios da cápsula. São reconhecidos mais de 170 serogrupos diferentes de *E. coli* com base em antigénios somáticos (O) e mais de (50) antigénios de flagelos e (100) antigénios capsulares, que são utilizados para subdividir *a E. coli* em serótipos. Também foram identificadas estirpes não-móveis (NM) **(Gyles, 2007)**.

Desde então, foram categorizados vários patótipos diferentes de *E. coli* patogénica com base nas suas propriedades de virulência e mecanismos causadores de doenças. Os patotipos de *E. coli* incluem: (i) *E. coli* produtora de toxina Shiga (STEC), que são estirpes portadoras de genes que codificam uma ou ambas as toxinas Shiga (*stx1* e *stx2*), (ii) EHEC, que são estirpes de STEC que causam HC e HUS, (iii) *E. coli* enteropatogénica (EPEC), que são estirpes que se ligam intimamente ao intestino e que causam HUS, (iv) *E. coli enteropatogénica* (EPEC), que são estirpes que se ligam intimamente às células intestinais e causam diarreia grave em bebés nos países em desenvolvimento, (iv) *E. coli* enterotoxigénica (ETEC), que incluem estirpes que produzem enterotoxinas e são a principal causa de diarreia dos viajantes nos países em desenvolvimento, (v) *E. coli (*EIEC), que estão estreitamente relacionadas com *Shigella* spp. e produzem uma colite inflamatória, (vi) *E. coli* aderente difusa (DAEC), que são estirpes que produzem um padrão difuso de aderência às células intestinais, e (vii) *E. coli* entero-agregante (EAggEC), que são estirpes que produzem um padrão difuso de aderência às células intestinais, e (vii) *E. coli* (EAggEC), pela sua aderência agregada ou do tipo "tijolo empilhado" às células de mamíferos em cultura **(APHA, 2011),** que produzem toxinas e são designadas pela sua aderência auto-agregante às células intestinais **(Kaper *et al.,* 2004)**.

As EHEC são consideradas um subconjunto das *E. coli* produtoras de toxina Shiga (STEC). Pensa-se que as diferenças entre EHEC e STEC se devem à variabilidade no armamento dos factores de virulência.

A transmissão de STEC aos seres humanos a partir de reservatórios animais ocorre normalmente por contaminação fecal dos alimentos ou da água, por contacto direto ou indireto com os animais ou por contacto entre pessoas **(Willshaw *et al.,* 2001)**. A doença em animais é menos frequentemente reconhecida, embora muitos animais domésticos e de alimentação sejam colonizados por STEC. Aparentemente, as STEC não colonizam habitualmente seres humanos normais e saudáveis e são raramente encontradas nas suas fezes **(Willshaw *et al.,* 1997)**. O gado saudável e outras espécies de ruminantes parecem ser reservatórios de onde provêm as STEC patogénicas para os seres humanos **(Beutin *et al.,* 1997)**. A colite nos vitelos e a doença do edema nos suínos são doenças documentadas relacionadas com as STEC nos animais. *A E. coli* O157:H7 foi o primeiro serótipo de STEC a ser associado a surtos de doença envolvendo doença invasiva grave no início dos anos 80, e atualmente encontra-se entre as centenas de STEC que demonstraram ser portadoras de um ou ambos os genes *stx* **(Brooks *et al.,* 2005)**. Outros serotipos de *E. coli* STEC não O157 foram associados a doenças humanas, incluindo um recente grupo de doenças em 2010 no Nordeste dos EUA atribuído a carne de vaca moída contaminada por *E. coli* O26 **(Khan, 2010)**. Alguns serotipos específicos, incluindo O26, O45, O55,

O103, O111, O121 e O145, parecem ser responsáveis pela maioria (>70%) das doenças humanas atribuídas a E. coli STEC não-O157 nos EUA **(Brooks** **et al., 2005)**.

1.3.1.3. Factores de virulência

1.3.1.3.1.Genes da toxina Shiga (*stx*)

A caraterística única e distintiva dos serotipos de STEC, em comparação com outras *E. coli* patogénicas, é a sua capacidade de produzir toxinas shiga (Stx) **(Harmon *et al.*, 2000)**. A Stx, também conhecida como toxina semelhante à shiga (SLT) ou verotoxina (VT), deriva o seu nome da sua semelhança com a toxina shiga, que é produzida pela *Shigella dysenteriae* tipo I. O termo verotoxina refere-se à capacidade da toxina para causar efeitos citopáticos letais em culturas de células Vero (células de rim de macaco verde africano) e foi introduzido em 1977, mais ou menos na mesma altura que o termo SLT **(O'Brien e LaVeck, 1983)**.

A nomenclatura atual é toxina shiga (Stx /*stx*) **(Tarr e Neill, 2001)**. A homologia comparativa da sequência de aminoácidos da STEC com a stx de *S. dysenteriae* tipo I, a toxina shiga subdivide as stxs nos subgrupos stx1 e stx2. A stx1 difere em um aminoácido e é antigenicamente indistinguível da toxina shiga tipo I de *S. dysenteriae*, enquanto o grupo stx2 tem 50-60% de homologia de sequência com a stx1 e a toxina shiga tipo I de *S. dysenteriae* **(Saunder, 1999)**.

A stx1 é uma toxina altamente conservada, enquanto a stx2 é variável e inclui uma lista crescente de variantes que inclui stx2, 2c, 2d, 2e e 2f. A produção de toxinas por STEC é variável. A STEC pode produzir stx1, stx2, stx1 e stx2, ou variantes de stx2. Estruturalmente, as stxs são toxinas A-B que inibem a síntese proteica. A subunidade A actua como uma N-glicosidase do ARN ribossómico, clivando um resíduo de adenina do ARN ribossómico (ARNm 28S) no local onde ocorre a ligação do ARNt aminoacilo dependente do fator de elongação um **(Harmon *et al.*, 2000)**. Isto interrompe a síntese proteica e provoca apoptose. A clivagem da holotoxina (composta pelo pentâmero B e por uma única subunidade A) resulta no componente N-terminal A1 enzimaticamente ativo e num componente C-terminal A2. A subunidade B liga-se a um recetor de glicolípidos nas membranas celulares dos mamíferos denominado globotriaosilceramida (Gb3). O Gb3 é também conhecido como CD77 e é um antigénio de diferenciação durante o desenvolvimento das células B humanas **(Lingwood, 1998)**. A ligação da subunidade B desempenha um papel crucial na entrada da subunidade A em células específicas **(Ling *et al.*, 1998)**.

A posse de stx1, stx2, stx1 e stx2, ou outras variantes de stx2 caracterizam as STEC em geral. Outros factores de virulência putativos são também componentes-chave na produção da patogénese reconhecida nas infecções por STEC O157:H7 **(Tarr e Neill, 2001)**.

1.3.1.3.2. Gene da intimina (*eae*)

A STEC O157:H7 tem uma ilha de patogenicidade de 35-43 kb denominada Locus of Enterocyte Effacement (LEE) que codifica um sistema de secreção de tipo III, um recetor de intimina translocado (TIR) e uma proteína da membrana externa (OMP) denominada intimina. O gene da intimina que codifica este fenómeno de ligação "íntima" é designado por gene de ligação e apagamento (AE), denotado por *eaeA* **(Salyers e Whitt, 2002)**.

Todos os três TIR, OMP e AE estão envolvidos na ligação às células epiteliais intestinais **(Sperandio *et al.*, 2001)**. O gene *eae*, localizado no LEE, codifica a intimina de 94-97 kDa que promove a ligação íntima da bactéria às células epiteliais da mucosa, resultando em AE **(Nataro e Kaper, 1998)**. A AE é caracterizada pelo apagamento das microvilosidades das células epiteliais intestinais, pela aderência íntima da bactéria às células epiteliais e por alterações acentuadas do citoesqueleto das células da mucosa, formando um pedestal que envolve a bactéria **(Sperandio *et al.*, 1999)**. A capacidade da STEC O157:H7 para produzir lesões AE é provavelmente suficiente para causar diarreia não sanguinolenta **(Nataro e Kaper, 1998)**. Estudos de deleção e complementação de *eae indicaram* que a intimina é necessária para a colonização intestinal humana por STEC O157:H7 **(Fitzhenry *et al.*, 2002)**.

1.3.1.3.3. Gene da hemolisina (*hlyA*)

As estirpes EHEC caracterizam-se pela expressão de *stx*, pela capacidade de causar lesões AE nas células epiteliais intestinais e pela posse de um plasmídeo de 60-Mda (pO157) que codifica uma hemolisina **(Nataro e Kaper, 1998)**.

A produção de hemolisina é codificada por plasmídeo num plasmídeo altamente conservado designado p O157 **(Burland *et al.*, 1998)**. Denominada enterohemolisina, encontra-se na maioria das estirpes de EHEC O157:H7 associadas à SHU e em isolados de campo de ruminantes STEC O157:H7 **(Law e Kelly, 1995)**. A enterohemolisina é codificada por uma sequência que partilha uma homologia significativa com a hemolisina A que se encontra em estirpes uropatogénicas de *E. coli* **(Nataro e Kaper, 1998)**.

A STEC O157:H7 é capaz de utilizar o heme e a hemoglobina, promovendo o crescimento bacteriano *in vitro*. O papel da entero-hemolisina não é claro, embora esta lise os eritrócitos, o que proporciona um mecanismo para a aquisição de ferro e subsequente crescimento bacteriano **(Law e Kelly, 1995; Nataro e Kaper, 1998)**.

1.3.1.3.4. Gene *rfbE do* antigénio O

O gene *rfbE* é responsável pela produção do antigénio O. O grupo de genes *rfb é* composto por 12-14 genes e é responsável pela produção das enzimas necessárias para a síntese do antigénio O157 em *E. coli* O157:H7 **(Bougdour *et al.*, 2004)**. A ausência do antigénio O aumenta notavelmente a adesão das células bacterianas às linhas celulares animais **(Hassan e Frank, 2004)**. A investigação indicou que o lipopolissacárido bacteriano (LPS) pode ser alterado pelas condições ambientais **(Prigent-Combaret *et al.*, 2000)**.

Wang e Doyle (1998) descobriram que ocorrem alterações na membrana exterior da *E. coli* O157:H7 depois de sobreviver em água durante períodos prolongados. *A E. coli* O157:H7 sobreviveu em água durante 21 meses, permaneceu patogénica e perdeu espontaneamente o seu antigénio O após longos períodos em água a 4° C, o que indica que a perda do antigénio O pode ocorrer em condições ambientais adversas durante um longo período de tempo. As alterações na camada de LPS da *E. coli* O157:H7 podem afetar as características físico-químicas, como a hidrofobicidade e a carga celular **(Wang e Doyle, 1998)**. O lípido hidrofóbico A, incorporado na membrana externa, confere à célula as suas propriedades hidrofóbicas. O antigénio O é predominantemente hidrofílico e pode mascarar as propriedades hidrofóbicas do lípido A. Na ausência do antigénio O, as células são significativamente mais hidrofóbicas **(Van Loosdrecht *et al.*, 1987)**.

A Stx, a intimina e a entero-hemolisina são consideradas os principais factores de virulência por serem os mais estudados e bem definidos. Outros factores de virulência putativos podem ser igualmente importantes na patogénese da STEC O157:H7, incluindo outras hemolisinas, outros factores de adesão intestinal e o LPS da O157 **(Nataro e Kaper, 1998)**.

1.3.1.4. Sobrevivência em meio aquático

As características da água podem influenciar a sobrevivência bacteriana; por exemplo, foi demonstrado que a disponibilidade e as concentrações de nutrientes **(Lessard e Sieburth, 1983)** afectam a sobrevivência de *E. coli* não patogénica na água. Além disso, os factores que demonstraram influenciar a sobrevivência microbiana nos ambientes aquáticos incluem a temperatura **(Flint, 1987)**, a luz **(Davies e Evison, 1991)**, o pH e a presença de predadores **(Medema *et al.*, 1997)**. Em ambientes de água-solo, a sobrevivência é influenciada pelo teor de humidade do tipo de solo **(Zhai *et al.*, 1995)**, nutrientes e microrganismos concorrentes **(Reddy *et al.*, 1981)**.

Quando isolados bacterianos de origem ambiental são cultivados com sucesso em laboratório, tendem a aderir a um modelo de crescimento. De acordo com este modelo, as bactérias introduzidas numa abundância de nutrientes passam por uma breve fase de atraso, seguida de replicação a uma taxa exponencial até que o fornecimento de nutrientes se esgote, um período que, para a maioria das bactérias coliformes (como a *E. coli*), ocorre em <24 h. Após a fase de crescimento exponencial, as células entram então na fase estacionária que pode durar vários dias, após o que a fase de morte termina e 99% das células morrem de fome. As células que sobrevivem para além da fase de morte são consideradas como tendo entrado na fase estacionária a longo prazo, onde podem permanecer viáveis (ou seja, capazes de um crescimento renovado quando reintroduzidas num meio nutritivo) durante mais de 5 anos. Presume-se que estas células possuem o fenótipo de vantagem de crescimento em fase estacionária (GASP), que lhes confere a capacidade de gerir períodos prolongados de privação de nutrientes através de uma interação complexa de adaptações metabólicas e genéticas **(Finkel, 2006)**. Deve notar-se que é difícil determinar com confiança qual das fases de crescimento acima referidas está a ser utilizada por uma determinada célula bacteriana presente em ambientes aquáticos, como a água doce **(Higgins e Hohn, 2008)**.

Daubner (1975) efectuou experiências de sobrevivência utilizando estirpes de *E. coli* recentemente isoladas dos excrementos de pessoas saudáveis em água desmineralizada estéril, água do Danúbio e água altamente mineralizada. Observou alterações na atividade bioquímica das células de *E. coli* e observou também o encolhimento das células e a redução do conteúdo citoplasmático (tanto na água destilada como na água do Danúbio) e danos na integridade da célula na água mineralizada. **Kerr *et al.* (1999)** também observaram danos generalizados na maioria das células de *E. coli* O157:H7, com grandes espaços entre a parede celular e a membrana celular.

Czajkowska *et al.* (2005) verificaram que o nível de CQO e o pH da água e da água barrenta não desempenhavam um papel significativo na sobrevivência de *E. coli* O157:H7. **Grad *et al.* (2000) verificaram** que a *E. coli* O157:H7 sobreviveu em água mineral natural durante 70 dias de incubação. Alguns estudos abordaram a viabilidade ou a sobrevivência de *E. coli* O157:H7 em águas superficiais, incluindo lagos **(Wang e Doyle, 1998)**, rios **(Tanaka *et al.*, 2000)**, águas marinhas **(Williams *et al.*, 2007)**, água de bebedouros para animais **(Rice e Johnson, 2000)** e água de explorações agrícolas **(McGee *et al.*, 2002)**. **Czajkowska *et al.* (2005)** estudaram a sobrevivência do serótipo O157:H7 em sedimentos do fundo da costa em relação à temperatura de incubação da amostra. Foi evidente que, a 6°C, o nível indetetável (< 1 CFU/g) de bactérias patogénicas após o método de plaqueamento em ágar foi observado após 73-100 dias de incubação, ao passo que 30-60 dias de incubação a 24°C deram resultados semelhantes.

A sobrevivência de bactérias fecais em sedimentos fluviais foi estudada por **Davies *et al.* (1995)**, que descobriram que, após um período de incubação de 60 dias de amostras a 20°C, as bactérias *E. coli* morriam completamente ou o seu número diminuía para um nível próximo de 7 logs CFU/ml até cerca de 3 logs CFU/ml, dependendo da fonte do sedimento. **Wang e Doyle (1998)** observaram que *a E. coli* O157:H7 sobreviveu durante 21 dias numa fonte de água de um lago, em oposição a 77 dias na água do reservatório, ambas mantidas a 15° C.

1.3.1.5. Métodos de deteção

1.3.1.5.1. Métodos de cultura

Foram utilizados muitos métodos de deteção de *E. coli* O157 para detetar rapidamente estes agentes patogénicos na água. As técnicas utilizadas incluem métodos convencionais de enriquecimento e plaqueamento com meios selectivos como o ágar Sorbitol MacConkey (SMAC) e o ágar Rainbow **(Manafi e Kremsmaier, 2001; Meng *et al.*, 2007)**. *A E. coli* O157 é particularmente difícil de confirmar a partir de culturas de enriquecimento devido ao problema dos elevados níveis de fundo de microrganismos concorrentes, incluindo outros serótipos de *E. coli* **(Park e Durst, 2000)**.

O enriquecimento das amostras em caldo tem por objetivo aumentar o número de organismos-alvo, inibindo simultaneamente a flora de fundo concorrente. Muitos protocolos referem a utilização de uma variedade de meios de enriquecimento: caldo de soja tripticase (TSB), caldo de *E. coli* modificado (mEC) e água peptonada tamponada (BPW) combinados com um ou mais antibióticos inibidores (novobiocina, cefixima, cefsulodina, vancomicina) **(Meyer-Broseta *et al.*, 2001)**. Os resultados das etapas de enriquecimento seletivo em caldo parecem ser semelhantes e aumentam a sensibilidade da identificação de STEC O157 em comparação com o plaqueamento direto **(McDonough *et al.*, 2000)**.

A presença de *E. coli* O157 pode ser detectada incubando a membrana filtrante diretamente em meios de cultura como o ágar SMAC ou o ágar cefixima-telurite (CT-SMAC). Estes meios selectivos baseiam-se na fermentação retardada do sorbitol e na ausência de atividade de β-glucuronidase (GUD) da *E. coli* 0157, o que resulta no fenótipo comum de colónias incolores em vez da cor rosa brilhante de outros isolados de *E. coli* **(Manafi e Kremsmaier, 2001)**.

O SMAC contendo cefixima e telurito de potássio foi mais frequentemente utilizado para plaquear amostras seletivamente enriquecidas **(Meyer-Broseta *et al.*, 2001)**. A cefixima tem como alvo *Proteus* spp., um não fermentador de sorbitol **(Chapman *et al.*, 1991)**. O telurito de potássio é utilizado para inibir ou eliminar o crescimento de outras *E. coli* e *Aeromonas* spp. em favor da STEC O157:H7, que demonstra uma concentração inibitória média mais elevada do que a flora fecal concorrente **(Zadik *et al.*, 1993)**. Embora este método seja relativamente barato e direto, é demorado e trabalhoso, o que constitui uma clara desvantagem quando se tenta minimizar a exposição humana, identificando rapidamente as fontes de água contaminada. Outros inconvenientes incluem o facto de outras bactérias imitarem as características da *E. coli* O157 quando cultivadas em ágar seletivo **(Garcia-Aljaro *et al.*, 2005)**. Além disso, foi demonstrado que a presença de micróbios competitivos (de fundo) altera significativamente a taxa de crescimento e a densidade máxima na cultura em caldo **(Muniesa *et al.*, 2006)**, particularmente se partilharem um crescimento ótimo semelhante de 37° C **(LeJeune *et al.*, 2001)**.

Existem muitos meios selectivos de plaqueamento diferencial, que incluem ágares fluorogénicos e cromogénicos com melhor desempenho do que o SMAC em amostras ambientais **(Bettelheim, 1998; Manafi e Kremsmaier, 2001)**. Incluindo: ágar CHROM O157, ágar HiCrome EC O157:H7 seletivo HiVeg, ágar HiCrome SMAC suplementado com telurite-cefixima. O caldo de enriquecimento HiCrome base para EC O157:H7, o ágar HiCrome EC O157:H7 e o ágar HiCrome EC O157:H7 seletivo contêm sorbitol e uma mistura cromogénica patenteada em vez de lactose e corantes indicadores, respetivamente. O substrato cromogénico é clivado de forma específica e selectiva pela *E. coli* O157:H7, resultando numa porção de cor púrpura escura a magenta. *A E. coli* apresenta colónias de cor rosa claro a malva **(Zadik *et al.*, 1993; Fujisawa *et al.*, 2000)**.

1.3.1.5.2.Métodos moleculares

Embora a PCR possa ser utilizada em combinação com uma etapa de cultura inicial para enriquecer o número potencialmente baixo de células de *E. coli* O157:H7 encontradas em amostras de água, a vantagem das técnicas moleculares de diagnóstico é a deteção direta e rápida de agentes patogénicos bacterianos a partir de um volume relativamente pequeno de água **(Bertrand e Roig, 2007)**. As reacções de PCR são concebidas para amplificar um único produto **(Fincher *et al.*, 2009)** ou para utilizar vários pares de iniciadores como parte de uma PCR multiplex **(Campbell *et al.*, 2001)**. A vantagem da PCR multiplex é a capacidade de detetar simultaneamente várias sequências do organismo alvo **(Osek, 2003; Duris *et al.*, 2009)**, ou detetar várias espécies patogénicas numa única amostra **(Kong *et al.*, 2002)**. A deteção de *E. coli* O157:H7 baseia-se geralmente na amplificação de factores críticos de virulência, por exemplo, *stx1* e *stx2*, que estão envolvidos na produção da toxina shiga, ou *eae*, que codifica a intimina **(Garcia-Aljaro *et al.*, 2004)**.

Foram desenvolvidos vários ensaios baseados na PCR para a deteção de *E. coli* O157:H7 na água. Alguns destes ensaios têm como alvo apenas os genes da toxina shiga (*stx*) **(Witham *et al.*, 1996)**. **Gannon *et al.* (1992)** desenvolveram um procedimento de PCR duplex para detetar os genes da toxina shiga 1 (*stx1*) e da toxina shiga 2 (*stx2*). Além disso, foram desenvolvidos vários procedimentos de PCR multiplex para detetar diferentes combinações dos principais genes de virulência. **Fagan *et al.* (1999)** incluíram o gene da intimina (*eae*) e o gene da hemolisina (*hlyA*) para formar uma reação PCR de quatro genes para detetar os genes *eae, hlyA, stx1* e *stx2*. **Fratamico *et al.* (2000)** desenvolveram procedimentos de PCR multiplex de cinco genes para detetar diferentes combinações de *fliC, stx1, stx2, eae, hlyA* e *rfbE*. Dois procedimentos separados de PCR multiplex, descritos por **Gannon *et al.* (1997)** e **Fagan *et al.* (1999),** foram utilizados por rotina para identificar os cinco genes, *eae, stx1, stx2, hlyA* e *fliC*. **Bai *et al.* (2010)** desenvolveram um procedimento de PCR multiplex que pode detetar seis genes de virulência (*fliC, stx1, stx2, eae, rfbE* e *hlyA*) de *E. coli* O157:H7.

Na última década, assistiu-se a um aumento significativo no desenvolvimento de abordagens baseadas em ácidos nucleicos para a deteção rápida de agentes patogénicos humanos transmitidos pela água, incluindo a *E. coli* O157:H7 **(Cupples *et al.*, 2010)**.

1.3.1.6. Sensibilidade aos antibióticos

Existem níveis muito variáveis de resistência aos antibióticos entre os serótipos de *E. coli* O157:H7, alguns isolados de *E. coli* O157:H7 têm resistência a um ou mais antibióticos e outros são multirresistentes **(NARMS, 2000)**.

Schroeder *et al.* (2002), no seu estudo, centraram-se em isolados de bovinos, humanos, suínos e explorações agrícolas. A equipa descobriu que 39% dos isolados de *E. coli* O157:H7 eram resistentes a um ou mais antimicrobianos. Algumas provas sugerem que a pressão de seleção imposta às bactérias entéricas do gado pela utilização subterapêutica de antibióticos prepara o terreno para o tipo de mutações genéticas que são necessárias para transformar *a E. coli* inofensiva em serótipos perigosos e produtores de toxinas **(Galland *et al.*, 2001)**. Sabe-se que os genes de resistência a antibióticos múltiplos passam por vezes de uma bactéria para outras em plasmídeos. Os genes que desencadeiam a produção de toxinas *do tipo Shiga* por certos serótipos de *E. coli* podem mover-se da mesma forma e, em alguns casos, com plasmídeos que transportam genes de resistência a antibióticos, o papel e os impactos da utilização de antibióticos no desencadeamento deste processo não são compreendidos e estão sujeitos a um debate ativo **(Schroeder *et al.*, 2002)**.

Solomakos *et al.* (2009) descobriram que 100% dos isolados de *E. coli* O157 eram resistentes à ampicilina, um antibiótico utilizado na medicina humana para o tratamento de infecções por coliformes, e todos os isolados, exceto um, eram também resistentes à estreptomicina. Globalmente, a tetraciclina foi considerada o antimicrobiano mais inibidor em termos do número de isolados que foram inibidos (27 isolados), seguida da gentamicina (26 isolados) e da cefuroxima (22 isolados).

Olatoye (2010) constatou que 100% dos isolados de *E. coli* O157:H7 eram resistentes a um ou vários antibióticos. A resistência à tetraciclina foi a mais elevada em 91,4% dos isolados, enquanto 72,9% eram resistentes à nitrofurantoína e ao cloranfenicol, 65,7% à cefuroxima, 44,3% ao cotrimozole, 35,7% ao ácido nalidíxico e 11,4% à gentamicina.

1.3.2. *Legionella* spp.

1.3.2.1. Perspetiva histórica

Foi em 1943 que as primeiras estirpes de *Legionella* foram isoladas de porquinhos-da-índia. Em 1954, foi isolada uma bactéria de amebas de vida livre que, no entanto, não foi classificada como uma espécie de *Legionella* até 1996 **(Hookey *et al.*, 1996)**. *As Legionella* foram isoladas e identificadas pela primeira vez como parte da investigação de doenças respiratórias em pessoas que participavam numa convenção da Legião Americana em Filadélfia, em 1976, que causou 182 doenças e 29 mortes **(Fraser *et al.*, 1977)**.

Os Centros de Controlo e Prevenção de Doenças (CDC) encontraram *Legionella* em amostras de tecido com cinquenta anos que tinham sido guardadas de mortes anteriores associadas a pneumonia, e uma análise mais aprofundada levou à identificação de várias subespécies *de Legionella,* incluindo *L. micdadei*, *L. pneumophila* e *L. bozemanii* **(McDade, 2002)**.

O número de casos de *Legionella* detectados nos EUA e comunicados ao CDC em 2005 foi de 2.301, ou aproximadamente 8 casos por milhão de habitantes, o que é muito semelhante à taxa de 10 casos por milhão de habitantes detectados na Europa **(CDC, 2005; OMS, 2005)**. Devido à subnotificação e à deficiente deteção de casos de *Legionella*, o CDC estima que 8.000-18.000 pessoas são hospitalizadas todos os anos nos EUA devido à doença dos legionários. Além disso, nos EUA, registam-se entre 28 e 86 casos por ano por milhão de pessoas, sendo ligeiramente superior aos 20 casos por milhão de pessoas estimados para a Europa **(OMS, 2005)**. A taxa de mortalidade dos doentes imunodeprimidos não tratados pode atingir os 40-80%, mas com a deteção e o tratamento adequado, a taxa de mortalidade desce para 5-30%. Para os indivíduos que não são imunodeprimidos, a taxa de mortalidade é de 1015% e o total estimado de mortes por ano nos EUA é de cerca de 4.000. O custo direto dos cuidados de saúde da legionelose nosocomial nos EUA está estimado em mais de 34 milhões de dólares **(McCoy, 2005)**.

1.3.2.2. Taxonomia e características microbiológicas

A Legionella é uma bactéria Gram-negativa, urease negativa, catalase positiva, heterotrófica, aeróbia, quimioorganotrófica, em forma de bastonete. As células têm 0,3 a 0,9 por 1 a 20 μm e são móveis, com um ou mais flagelos polares ou laterais rectos ou curvos. *As Legionella* spp. utilizam aminoácidos para obter energia e carbono, por exemplo arginina, cisteína, metionina, serina, treonina e valina; algumas estirpes de *Legionella* também necessitam de isoleucina, leucina, fenilalanina e tirosina para crescer, não oxidam nem fermentam hidratos de carbono e necessitam de L-cisteína-HCl e sais de ferro para crescer, entre outros nutrientes **(Brenner *et al*, 1984; Fields *et al.,* 2002; Garrity, 2005)**. *A Legionella pertence* à família Legionellaceae, metade das espécies de *Legionella* foram associadas a doenças humanas, existem 49 espécies que compreendem 71 serogrupos distintos no género *Legionella* **(Benson e Fields, 1998; Fields *et al.,* 2002)**.

Existem 16 serogrupos de *L. pneumophila;* dois em cada uma das espécies *L. bozemanii, L. longbeachae, L. feeleii, L. hackeliae, L. sainthelensi, L. spiritensis, L. erythra* e *L. quinlivanii*, e um único serogrupo em cada uma das restantes espécies, embora existam atualmente 16 serogrupos de *L. pneumophila*, 82% de todos os casos de legionelose são causados por *L. pneumophila* serogrupos 1, 4 e 6 e são mais frequentemente isolados do ambiente **(Park *et al.,* 2003)**.

1.3.2.3. Sobrevivência em meio aquático

A água é o principal reservatório de *Legionella spp.* e as bactérias encontram-se em ambientes de água doce em todo o mundo. *A Legionella spp. foi* detectada em cerca de 40% dos ambientes de água doce. Vários surtos de legionelose foram associados à construção, e acreditava-se inicialmente que as bactérias podiam sobreviver e ser transmitidas aos seres humanos através do solo. No entanto, *a Legionella spp.* não sobrevive em ambientes secos e estes surtos são mais provavelmente o resultado da descalcificação maciça dos sistemas de canalização devido a alterações na pressão da água durante a construção **(Mermel *el al.,* 1995)**.

É difícil explicar a presença generalizada de *Legionella spp.* na água porque estas bactérias são fastidiosas e requerem uma combinação invulgar de nutrientes no meio bacteriológico. Estes níveis de nutrientes raramente seriam encontrados em algumas fontes de água e, se presentes, serviriam apenas para amplificar as bactérias de crescimento mais rápido que competiriam com a *Legionella* spp. No entanto, os nutrientes exigidos pela *Legionella* spp. representam a necessidade de um ambiente intracelular, e não nutrientes solúveis normalmente encontrados em água doce. *Legionella spp.* sobrevive em ambientes aquáticos e, possivelmente, em alguns ambientes do solo como parasitas intracelulares de protozoários de vida livre **(Fields, 1996)**. Infectam os protozoários através de um novo sistema de secreção IV e utilizam o mesmo mecanismo para infetar e multiplicar-se nos macrófagos humanos **(Rowbotham, 1993)**.

Há muitos factores que afectam o crescimento e a sobrevivência da *Legionella* spp. no ambiente aquático, um dos quais é reforçado pela sua capacidade de formar relações simbióticas com amebas, esta relação permite que *a Legionella* spp. sobreviva numa gama mais vasta de condições ambientais e resista aos efeitos do cloro, biocidas e outros desinfectantes **(Paszko-Kolva *et al.,* 1993; Fields, 1996)**. A replicação da Legionella nos protozoários pode contribuir para aumentar a virulência da *Legionella* **(Kramer e Ford, 1994)**. A capacidade da *Legionella* para se desenvolver no seio de protozoários e as suas relações com certas algas e bactérias em biofilmes também favorecem o crescimento da *Legionella*, presumivelmente devido à maior disponibilidade de nutrientes e à proteção contra a desinfeção **(Kramer e Ford, 1994)**.

Henke e Seidel (1986) afirmaram que *a Legionella* é um organismo termorresistente que exibe sobrevivência em águas quentes naturais até 60°C e em águas aquecidas artificialmente a 66,3°C, sendo reforçada pelo calor e por temperaturas elevadas encontradas em áreas como banheiras de hidromassagem e fontes termais.

A Legionella spp. tem a capacidade de sobreviver numa vasta gama de temperaturas, desde uma temperatura da água de 16,5°C até à temperatura mais elevada de 64°C **(Bentham, 1993)**.

Colbourne e Dennis (1989) afirmaram que, embora *a Legionella* não seja termofílica, exibe termotolerância a temperaturas entre 40 e 60°C, o que lhe dá uma vantagem de sobrevivência em relação a outros organismos que competem em sistemas de água quente criados pelo homem. Embora as temperaturas entre 45 e 55°C não sejam óptimas para a *Legionella*, estas temperaturas permitem-lhe atingir concentrações mais elevadas do que outras bactérias normalmente encontradas na água potável, proporcionando assim *à Legionella* uma vantagem selectiva sobre outros micróbios

(Kramer e Ford, 1994).

1.3.2.4. Deteção de *Legionella* spp. por métodos de cultura

O primeiro meio de cultura utilizado para isolar *Legionella* foi o ágar Mueller-Hinton suplementado com 1% de hemoglobina. Foram desenvolvidos outros meios para a cultura de *Legionella*, como o ágar sangue *Legionella* **(Warren e Miller, 1979).**

O hidrolisado ácido de caseína contém cloreto de sódio, que foi um dos primeiros meios de cultura utilizados, mas que mais tarde se descobriu que inibia o crescimento de *L. pneumophila* virulenta, pelo que o hidrolisado ácido de caseína como fonte de proteínas foi mais tarde substituído por extrato de levedura **(Edelstein, 1981; Catrenich e Johnson, 1989).**

O meio atualmente utilizado para a cultura de *Legionella* é o ágar de extrato de levedura com carvão tamponado (BCYE), a forma mais utilizada é suplementada com alfa-cetoglutarato para aumentar a recuperação de *Legionella* no meio **(Edelstein, 1981)** e o objetivo do carvão é decompor o peróxido de hidrogénio exógeno e atuar como um eliminador de radicais livres tóxicos que são gerados pela interação da luz com o meio **(Hoffman et al., 1983)**. Estes meios podem ser preparados com corantes indicadores, que conferem uma cor específica a certas espécies de *Legionella* **(Vickers et al., 1981)**. Embora a maioria das *Legionella* spp. cresça facilmente em ágar BCYE, algumas requerem suplementação com albumina de soro bovino para aumentar o crescimento. *L. micdadei* e várias estirpes de *L. bozemanii* mostram uma preferência por BCYE com 1,0% de albumina **(Morrill et al., 1990)**. A condição óptima de incubação de *Legionella* spp. é a 35°C numa atmosfera humidificada de 2,5% de CO_2 ou num frasco de extinção de velas **(APHA, 2011).**

As colónias que se assemelham a *Legionella* spp. podem ser identificadas presuntivamente com base na sua necessidade de L-cisteína através de subcultura em ágar sangue ou ágar BCYE sem L-cisteína. Presume-se que as colónias subcultivadas que crescem em ágar BCYE, mas não em ágar sangue ou BCYE sem L-cisteína, são *Legionella*. *As Legionella* são relativamente inertes em muitos meios de teste bioquímicos, pelo que estes testes têm um valor limitado na sua identificação. O exame com uma luz ultravioleta (365 nm) pode ajudar a distinguir as espécies **(Harrison e Taylor, 1988).**

As espécies de *Legionella* apresentam uma autofluorescência azul-branca ou vermelha sob luz ultravioleta (UV) de comprimento de onda longo (365 nm). As espécies que apresentam autofluorescência azul-branca sob UV de comprimento de onda longo (lâmpada de Wood' s) tendem a estar mais estreitamente relacionadas entre si, e as duas espécies que apresentam fluorescência vermelha são parentes próximos. Curiosamente, *L. wadsworthii* aparece no clado fluorescente azul-branco, embora não apresente autofluorescência **(Hookey *et al.*, 1996; Dennis, 1998)**. O ágar BCYE pode ser tornado mais seletivo através da adição de antibióticos ao meio para melhorar a recuperação de *Legionella* spp. a partir de amostras ambientais. O CDC sugere a utilização de polimixina B, cicloheximida (inibe os fungos) e vancomicina (inibe os *estafilococos*) (PCV). Outro grupo de antibióticos selectivos é a glicina (inibe a flora ambiental), a polimixina B, a cicloheximida e a vancomicina (GPCV). O Standard Methods requer glicina, polimixina B, vancomicina e anisomicina (inibe as leveduras) (GPVA), sendo também utilizada cefalotina, sulfato de colistina, vancomicina e ciclo-heximida (CCVC) **(CDC, 2005; APHA, 2011)**.

1.3.2.5. Sensibilidade aos antibióticos

O tratamento da doença do legionário consiste em quinolonas, como a ciprofloxacina, a levofloxacina, a moxifloxacina ou a gatifloxacina, e macrólidos, como a azitromicina, a claritromicina ou a eritromicina **(NIH, 2007)**. As quinolonas têm demonstrado maior atividade contra espécies de *Legionella* e maior penetração intracelular do que os macrólidos **(Klein e Cunha, 1998)**. Estes antibióticos têm sido recomendados para os receptores de transplantes com doença do legionário porque, ao contrário dos macrólidos e da rifampicina, não interferem com o metabolismo dos medicamentos imunossupressores **(Stout e Yu, 1997)**.

Os medicamentos β-lactâmicos, como a penicilina e a ampicilina, não são eficazes contra *a Legionella* porque não penetram nos fagossomas e lisossomas. Várias *Legionella* spp. também produzem β-lactamase para inativar a penicilina **(Heath *et al.*, 1996)**.

Embora a rifampicina tenha demonstrado uma excelente atividade in *vitro* e *in vivo* contra espécies de *Legionella*, não é administrada como monoterapia devido ao potencial de desenvolvimento de estirpes de *Legionella* resistentes à rifampicina **(Roig *et al.*, 1993)**. Além disso, a eficácia clínica da combinação convencional de rifampicina e eritromicina tem sido questionada **(Hubbard *et al.*, 1993)**. No caso dos doentes imunocomprometidos, a terapêutica deve continuar durante três semanas. Os macrólidos (por exemplo, azitromicina) podem permitir um tratamento mais curto **(Stout e Yu, 1997)**.

1.3.3. *Helicobacter pylori*

1.3.3.1. Perspetiva histórica

[th]Desde finais do século XIX, os patologistas europeus notaram a presença de células bacterianas curvas em amostras de biopsia gástrica submetidas a

exame histológico. No entanto, o microrganismo não pôde ser isolado até 1982. Nesse ano, dois patologistas australianos, Robin Warren e Barry Marshall, após várias tentativas, conseguiram obter um isolado de uma bactéria curvada a partir de tecidos de biopsia gástrica, com base em semelhanças com *Campylobacter* spp. Relativamente ao habitat e aos meios de cultura utilizados para o isolamento, este organismo foi inicialmente designado por Gastric *Campylobacter* like organism e, posteriormente, *Campylobacter pylori* (**Dunn *et al.*, 1997; Versalovic e Fox, 1999**). Estudos mais pormenorizados revelaram mais tarde que *o C. pylori* devia ser classificado num novo género e, em 1985, foi designado *Helicobacter pylori*, que significa haste espiralada da parte inferior do estômago. A taxa de prevalência de *H. pylori* é elevada em todo o mundo e tem sido apontada como a principal causa de doença gástrica, incluindo úlceras gastroduodenais pépticas, gastrite e mesmo cancro (**Dunn *et al.*, 1997**).

1.3.3.2. Taxonomia e características microbiológicas

A H. pylori é uma bactéria Gram-negativa curva com 0,6 µm de largura e 2-5µm de comprimento, que é tipicamente móvel com cinco a seis flagelos unipolares revestidos. As morfologias incluem formas em espiral, curvas, em bastão (bacilar), em asa de gaivota, em forma de U e circular (cocóide), microaerófila e apresenta um crescimento ótimo a 35-37º C (**Versalovic e Fox, 1999**). *A H. pylori* é positiva para urease, catalase e oxidase, mas negativa para a hidrólise do acetato de indoxilo e do hipurato (**On e Holmes, 1992**).

Embora *a H. pylori* não forme esporos, pode converter-se num estado VBNC quando exposta a stresses ambientais, tais como falta de proteção contra o oxigénio, dessecação, privação de nutrientes, exposição a agentes antimicrobianos ou longos períodos de incubação. No estado VBNC, a sua morfologia celular muda de bastonetes para cocos (**Donelli *et al.*, 1998**). As células VBNC mantêm estruturas celulares importantes (como o citoplasma, a membrana celular, os flagelos e o ADN), pelo que estas células continuam a ser infecciosas (**Cao *et al.*, 1997**). O género *Helicobacter* inclui atualmente 23 espécies, embora a maioria das espécies esteja associada ao trato gástrico de diferentes animais: *H. pylori, H. nemestrinae, H. acinonychis, H. felis, H. bizzozeronii* e *H. salomonis* (**Costas *et al.*, 1993**).

1.3.3.3. Epidemiologia, transmissão e seu ambiente

A Helicobacter pylori é um importante agente patogénico que coloniza a camada mucosa e o muco epitelial do estômago em aproximadamente 50% dos seres humanos em todo o mundo. *A Helicobacter pylori* é considerada um problema grave que afecta a saúde pública tanto nos países desenvolvidos como nos países em desenvolvimento (**Brown, 2000;**

Olivares e Gisbert, 2006) porque coloniza a mucosa gástrica de cerca de metade da população mundial. Tem sido reconhecida como uma das principais causas de gastrite e está associada à úlcera gástrica e duodenal e ao cancro gástrico **(Hatakeyama e Brzozow, 2006; Olivares e Gisbert, 2006)**.

A transmissão de *H. pylori* envolve provavelmente múltiplas vias, tais como zoonótica, iatrogénica, de pessoa para pessoa **(Dunn *et al.*, 1997; Tindberg *et al.*, 2001)**, de origem alimentar **(Van Duynhoven e de Jonge, 2001; Gomes e De Martinis, 2004)** e de origem hídrica, incluindo água potável, águas residuais **(Lu *et al.*, 2002; Queralt *et al.*, 2005)**, água do mar **(Cellini *et al.*, 2004)**.

Nos países em desenvolvimento, estima-se que 70-90% da população seja portadora de *H. pylori*, em contraste com 25-50% de infeção entre os habitantes dos países desenvolvidos **(Brown, 2000)**.

Bassily *et al.* (1999) realizaram estudos epidemiológicos sobre o *H. pylori* em 200 mães testadas em Alexandria, Egipto, 90% estavam infectadas com *H. pylori* e 15% dos seus bebés tinham sido infectados aos 9 meses de idade, com a prevalência a aumentar para 25% quando atingiram os 18 meses de idade. Além disso, um inquérito serológico subsequente realizado a crianças que participaram num estudo de 3 anos revelou que a infeção por *H. pylori* aumentava com a idade e atingia 30% aos 3 anos de idade **(Naficy *et al.*, 2000)**.

1.3.3.4. Sobrevivência em meio aquático

Com base em estudos sobre os factores ambientais que afectam *a H. pylori*, foi observada a sobrevivência da bactéria em água destilada, água salgada e água do mar artificial durante um período de 1-16 dias; estes resultados indicam que a água pode ser um veículo potencial para a infeção **(West *et al.*, 1990)**. O intervalo de pH ótimo na água ambiental para a sobrevivência de *H. pylori* foi de 5,8-6,9, mas podem ser toleradas grandes alterações de pH **(West *et al.*, 1990)**. **Jerris (1995)** indicou que a temperatura óptima de crescimento é de 37° C. Na água do rio, as formas móveis em espiral de *H. pylori* podem sobreviver durante pelo menos uma semana e as formas cocóides podem sobreviver durante um ano ou mais **(Graham *et al.*, 1991)**.

1.3.3.5. Deteção de *H. pylori* por métodos de cultura

Todos os organismos bacilares de *H. pylori* mudam de morfologia gradualmente ao longo de 10 dias de cultura e entram numa fase não cultivável após 7-10 dias numa placa de ágar. Foi demonstrado que essas formas cocóides não se convertiam na forma bacilar durante o método de passagem através de ovos **(Enroth e Engstrand, 1996)**. A passagem através de ovos tem sido utilizada para o isolamento e crescimento de organismos de crescimento lento, tais como *Rickettsiae* spp. e *Chlamydia* spp. entre outros, e é um método simples e rápido de cultura e avaliação da capacidade de cultura de bactérias **(Cox, 1938; Fei Fan *et al.*, 1957). Kelly *et al.* (1994)** analisaram amostras de fezes doadas por adultos do Reino Unido. Os autores isolaram *H. pylori* a partir de 8% de amostras de fezes de doentes, utilizando como meio seletivo ágar Columbia adicionado de 5% de sangue de ovelha ou cavalo e suplemento de antibióticos (Oxoid).

1.3.3.6. Sensibilidade aos antibióticos

Muitas terapias triplas estão aprovadas para a erradicação completa da *H. pylori*. Os regimes de tratamento aprovados pela FDA incluem a utilização de metronidazol (250 mg) e tetraciclina (500 mg), todos tomados quatro vezes por dia durante 14 dias, outro regime é a claritromicina (500 mg três vezes por dia) com omeprazol (40 mg uma vez por dia) ou citrato de bismuto de ranitidina (400 mg duas vezes por dia) durante 14 dias **(Dunn *et al.*, 1997)**. Além disso, a terapia tripla que combina um inibidor da bomba de protões com dois antibióticos, de preferência claritromicina e amoxicilina, é o tratamento de primeira escolha na erradicação da *H. pylori* **(Malfertheiner *et al.*, 2007)**.

1.4. Efeito do cloro como desinfetante da água nas bactérias patogénicas

1.4.1. Antecedentes históricos do cloro

Entre 1870 e 1880, os cientistas demonstraram que os microrganismos podem causar doenças e, em 1890, o cloro foi aplicado na desinfeção de instalações de água em Inglaterra. O cloro foi utilizado pela primeira vez como desinfetante no abastecimento público de água em 1908 em Bubbly Creek (Chicago). Como as reduções drásticas na febre tifoide acompanharam frequentemente a sua aplicação, o cloro tornou-se amplamente implementado como uma medida de tratamento de água potável. Após a proliferação do tratamento com cloro, a cloraminação, a combinação de cloro e amoníaco adicionados sequencial ou simultaneamente, foi introduzida em 1917 nos sistemas de água potável. Nessa altura, acreditava-se que a adição de amoníaco prolongava o resíduo desinfetante e reduzia o sabor e os odores clorofenólicos. Devido à escassez de amoníaco durante a Segunda Guerra Mundial (WW II) e ao reconhecimento de que a adição de amoníaco enfraquecia o cloro como desinfetante, as cloraminas perderam o seu favor **(Haas, 1999)**.

1.4.2. Modo de ação do cloro

O mecanismo pelo qual o cloro livre inativa as bactérias não é bem compreendido e tem sido associado a uma grande variedade de reações **(White, 1999)**. Os compostos de cloro são electrófilos e, por isso, o seu modo de dano é através da oxidação de compostos reduzidos na célula, o que leva a um aumento da permeabilidade da membrana em resultado das diferenças de carga eléctrica entre o desinfetante e o organismo. Isto leva à inativação de enzimas ou à libertação de constituintes celulares vitais e, em última análise, à morte celular **(Virto *et al.*, 2005)**. O cloro é um dos oxidantes mais comuns utilizados para desinfetar a água potável e para limitar o recrescimento bacteriano nos sistemas de distribuição de água. Reage com vários compostos celulares e afecta os processos metabólicos e fisiológicos **(McKenna e Davies, 1988)**. Pode danificar as membranas bacterianas, modificando a sua permeabilidade **(Sips e Hamers, 1981)**, inibir a produção de ATP **(Barrette *et al.*, 1989)**, fragmentar proteínas **(Thomas, 1979)**, causar danos nos ácidos nucleicos **(Phe *et al.*, 2004)** e inibir o crescimento bacteriano em meios de ágar, mesmo após exposição a baixas doses de oxidante.

Quando se adiciona cloro à água, formam-se duas espécies químicas, conhecidas em conjunto como cloro livre. Estas espécies, o ácido hipocloroso (HOCl, eletricamente neutro) e o ião hipoclorito (OCl⁻, eletricamente negativo), têm comportamentos muito diferentes. O ácido hipocloroso não só é mais reativo do que o ião hipoclorito, como também é um desinfetante e oxidante mais forte. As reacções envolvidas na formação e auto-decomposição do cloro foram realizadas em duas etapas. O ácido hipocloroso (HOCl) é produzido pela dissolução de cloro gasoso (Cl_2) em água, resultando na formação de HOCl, iões cloreto e protões, como indicado pela Equação (1). O ácido hipocloroso é um ácido fraco que se decompõe de acordo com a reação dada na Equação (2), formando protões e o ião hipoclorito, OCl⁻, com um pKa de 7,6 à temperatura ambiente **(Snoeyink e Jenkins, 1980)**. Ao entrar no sistema de distribuição, os compostos de cloro sofrem reacções complexas com compostos orgânicos e inorgânicos associados aos materiais do sistema de distribuição, biofilmes e o líquido a granel **(LeChevallier *et al.*, 1993)**.

Quando o cloro gasoso entra na água, ocorre a seguinte reação:

(1). Cl_2 + H_2O $\longrightarrow$ $H^+ + HOCl + Cl^-$
(Hypochlorous acid)

(2). $HOCl$ $\longrightarrow$ $H^+ + OCl^-$ $pKa = 7.6$
(Hypochlorite ion)

Uma bactéria típica tem um revestimento de lodo carregado negativamente na sua parede celular exterior, que é efetivamente penetrado pelo ácido hipocloroso eletricamente neutro, favorecido pelo pH mais baixo da água. Estas superfícies são mais facilmente penetradas pelo ácido hipocloroso não carregado e eletricamente neutro do que pelo ião hipoclorito carregado negativamente **(AWWA, 1999)**. Ao atravessar os revestimentos viscosos, as paredes celulares e os invólucros resistentes dos microrganismos transportados pela água, o ácido hipocloroso destrói eficazmente estes agentes patogénicos. A água torna-se microbiologicamente segura à medida que os agentes patogénicos morrem ou se tornam incapazes de se reproduzir **(Connell, 1996; AWWA, 1999)**.

A necessidade de cloro é conhecida como a quantidade total de cloro que é consumida em reacções com compostos na água. Deve ser adicionada uma quantidade suficiente de cloro à água para que, depois de satisfeita a necessidade de cloro, ainda reste algum cloro para matar os microrganismos presentes na água. A cloração de ponto de rutura é o ponto em que é adicionado cloro livre suficiente para quebrar as ligações moleculares; especificamente as moléculas de cloro combinadas, amoníaco ou compostos de azoto **(Janzen, 2009)**.

II. Materiais e métodos

O presente estudo foi realizado para detetar bactérias patogénicas; *E. coli* O157:H7, *Legionella* spp. e *H. pylori* de diferentes fontes de água durante o período de estudo de junho de 2010 a julho de 2011 (Tabela II-1).

2.1. Locais de amostragem

Quadro II-1. Locais de amostragem e calendário

Não.	Fontes de água	N.º de amostras	Intervalo de cobertura	Locais de amostragem
1	**Águas subterrâneas** a. Águas subterrâneas não tratadas (1000 m de profundidade)	40	junho, Dez., 2010.	Poços situados na província de New Valley.
	b. Águas subterrâneas tratadas (100 m de profundidade)	40	Set., Out., Nov., Dez., 2010.	Poços localizados na província de Qalyubia
2	**Superfície** a. Rio Nilo (braço da Rossita)	50	De março a julho de 2011.	- Troço de transvase da ribeira média do Ramal Rossita a 5 km de El- kanater El-Ghiraia, província de Giza.
3	**marinha** a. Água do mar	15	-junho de 2010.	- Praias públicas costeiras na província de Marsa Matroh.
4	**Águas residuais** a. Águas residuais tratadas	20	De março a julho de 2011.	Dreno de El-Rahawy, província de Giza.
	b. Águas residuais hospitalares	10	-Set. 2010. -junho de 2011.	Águas residuais dos hospitais de El-Kasr El- Aini

2.1.1. Amostras de águas subterrâneas

Quarenta amostras de águas subterrâneas não tratadas foram recolhidas de vinte poços (2 séries) de El-Kharga, El-Dakhla e Paris Oases, New Valley Governorate, durante junho e dezembro de 2010. Quarenta amostras de águas subterrâneas tratadas foram recolhidas na província de Qalyubia nas seguintes estações de tratamento de águas subterrâneas: El- Naseria, Tokh, Qalyub, de setembro a dezembro de 2010 (Quadro II-1).

2.1.2.   Amostras de águas superficiais

Foram recolhidas 50 amostras de água (10 locais) do rio Nilo (braço Rossita) na província de Gizé durante cinco meses (março-julho de 2011) (Figura, II-1). Os locais de amostragem, de sul para norte, foram os seguintes: 500 m, 400 m, 300 m antes do ponto de mistura com o sistema de drenagem de El-Rahawy, o ponto de mistura (o ponto em que a água do sistema de drenagem de El-Rahawy é diretamente descarregada e misturada com a água do rio Nilo (braço da Rossita)), 100 m, 200 m, 300 m, 400 m, 500 m e 600 m após o ponto de mistura (Quadro II-1).

2.1.3.   Amostras de água do mar

Em junho de 2010, foram colhidas quinze amostras costeiras no Mar Mediterrâneo, na província de Marsa Matroh, em cinco praias públicas. As amostras costeiras foram colhidas na costa do mar com uma boca larga, utilizando garrafas de vidro esterilizadas (quadro II-1).

2.1.4.   Amostras de águas residuais

Foram recolhidas vinte amostras do sistema de drenagem de El-Rahawy durante cinco meses, de março a julho de 2011 (quatro amostras por mês), em quatro locais de amostragem (Figura II-1): início da aldeia de El-Rahawy, após 1 km, após 2 km, após 3 km (Quadro II-1). Foram recolhidas dez amostras separadas de águas residuais dos hospitais El-Kasr El- Aini antes da mistura com o sistema de esgotos em setembro de 2010 e junho de 2011 (Quadro II-1).

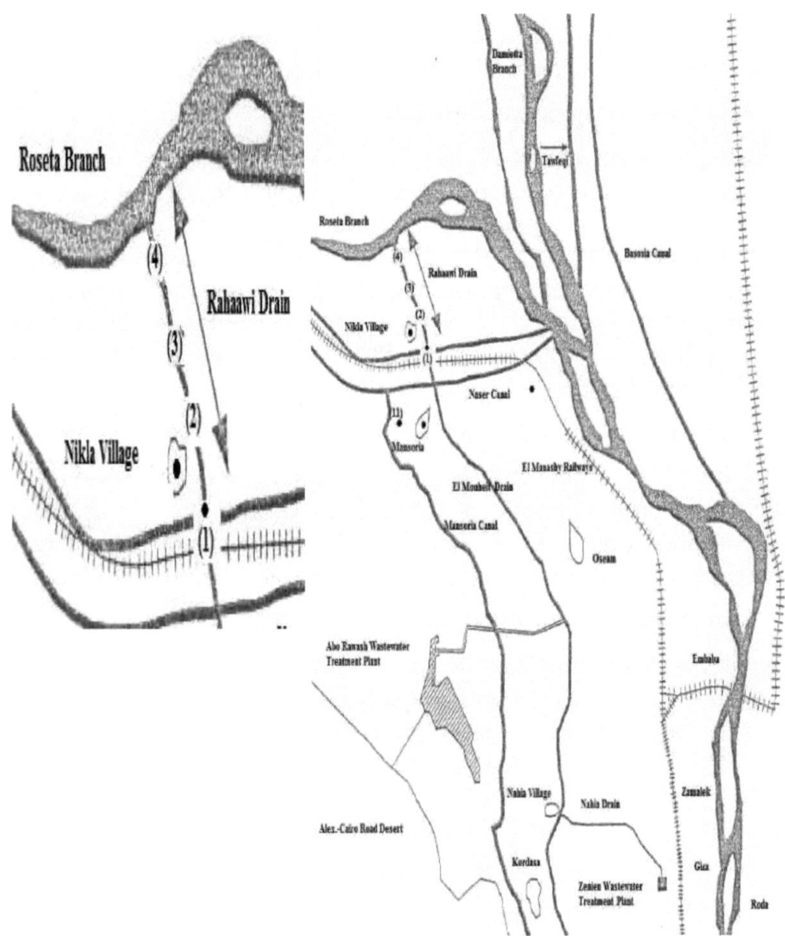

Figura II-1. Locais de amostragem em El-Rahawy Drain e Rossita Branch

2.2. Transferência de amostras e procedimentos

Todas as amostras de água foram recolhidas de acordo com a **APHA (2005)** em frascos de amostragem de vidro esterilizados de boca larga de um litro, vinte litros (para águas subterrâneas) e um litro para outros tipos de amostras de água para deteção por PCR. As amostras foram imediatamente transferidas para o laboratório no Centro Nacional de Investigação (NRC) no prazo de 1-8 h numa caixa de gelo e analisadas de acordo com a **APHA (2005)** para enumerar as contagens totais de bactérias viáveis (TVBC), coliformes totais (TC), coliformes fecais (FC) e estreptococos fecais (FS); as técnicas utilizadas para a determinação foram a técnica de placa vertida para TVBC e a técnica de fermentação em tubos múltiplos (MTF) para TC, FC e FS. A deteção de *E. coli* O157:H7 foi efectuada utilizando a técnica de filtração por membrana (MF) cultivada em meio de ágar seletivo HiCrome EC O157:H7 e a técnica de PCR. A deteção de *Legionella* spp. e de *H. pylori foi efectuada através da* técnica de MF em meio de ágar de extrato de levedura de carvão tamponado (BCYE) e em meio de ágar Columbia, respetivamente.

2.3. Exame bacteriológico

2.3.1. Enumeração das contagens totais de bactérias viáveis (TVBC) utilizando o método de placa vertida

O CBT (UFC/ml) foi efectuado de acordo com a **APHA (2005)** utilizando o meio de contagem em placas de ágar (Apêndice I). Um ml de cada amostra de água foi transferido para uma placa de Petri esterilizada; o ágar derretido arrefecido foi vertido na placa de Petri. Duas placas foram incubadas a 37±0,5°C durante 24 h e uma placa não inoculada serviu de controlo; também duas placas foram incubadas a 22±0,5°C durante 48 h e uma placa não inoculada serviu de controlo. Após o período de incubação, todas as placas foram contadas com a utilização de um contador de colónias.

2.3.2. Enumeração de coliformes totais

2.3.2.1. Técnica de fermentação em tubos múltiplos

O coliforme total (CT), o coliforme fecal (CF) e os estreptococos fecais (FS) foram determinados utilizando a técnica MTF de acordo com a **APHA (2005)**.

2.3.2.1.1. Teste presuntivo

O meio de cultura caldo lauril triptose (apêndice I) foi utilizado para o teste presuntivo de CT. Foram utilizadas três diluições decimais apropriadas de cada amostra em três tubos replicados (dez tubos contendo o dobro da força do caldo lauril triptose para amostras de águas subterrâneas). Os tubos inoculados foram incubados a 37±0,5°C durante 48 h, após o que a produção de ácido e gás foi registada como teste presuntivo positivo.

2.3.2.1.2. Teste confirmado

O caldo verde brilhante de lactose biliar (BGB) (Apêndice I) foi utilizado no teste de confirmação. Os tubos contendo BGB foram inoculados com os tubos presuntivos positivos e incubados a 37±0,5°C durante 48 h. A produção de ácido e gás foi registada como um teste confirmativo positivo para a CT. Referindo-se às tabelas de NMP para diluições de tubos de três linhas, os resultados foram registados como índice NMP de CT confirmada por 100 ml de amostra.

2.3.2.2. Enumeração de coliformes fecais

Os tubos positivos que representam o coliforme total em caldo de lauril triptose foram inoculados em caldo EC (apêndice I) e incubados em banho-maria circulante a 44,5±0,2°C durante 24 h. A produção de ácido e gás indica a presença de CF que fermentam a lactose. Com base nas tabelas de NMP para diluições de tubos de três linhas, os resultados foram registados como índice NMP de CF confirmadas por 100 ml de amostra.

2.3.2.3. Enumeração de estreptococos fecais 2.3.2.3.1. Teste presuntivo

O meio de caldo de azida dextrose (apêndice I) foi utilizado para o teste presuntivo de FS. Utilizaram-se três diluições decimais adequadas de cada amostra em três tubos replicados (dez tubos contendo uma força dupla de caldo de azida dextrose para amostras de águas subterrâneas). Os tubos inoculados foram incubados a 37±0,5°C durante 48 h, após o que a turvação foi registada como teste presuntivo positivo. **2.3.2.3.2. Teste de confirmação**

Uma porção do crescimento de cada tubo de caldo de dextrose azida positivo foi semeada na superfície da placa de ágar de enterococos selectivos *Pfizer* (*PSE*) (Anexo I). As placas invertidas foram incubadas a 37±0,5°C durante 24 h. O desenvolvimento de colónias negro-acastanhadas com halos castanhos formados na superfície da placa de ágar confirmou a presença de FS.

2.3.3. Deteção, enumeração e identificação de bactérias patogénicas

A técnica de filtração por membrana foi utilizada para determinar a presença de bactérias patogénicas seleccionadas de acordo com **APHA (2005)**. Foram filtrados volumes adequados através de um filtro de membrana (0,2 µm de porosidade, 47 mm de diâmetro, Whattman®). O filtro de membrana foi cuidadosamente retirado do disco de funil e (suavemente) colocado sobre o meio de ágar preparado para evitar a formação de bolhas de ar sob o filtro de membrana.

A deteção de *E. coli* O157:H7 foi efectuada de acordo com **Zadik *et al.* (1993)** utilizando placas de ágar seletivo HiCrome EC O157:H7 (HiMedia, Índia) suplementadas com novobiocina e telurito de potássio (apêndice I). A membrana foi fixada na placa preparada. As placas foram incubadas até 24 horas a 37±0,5°C. A *E. coli O157*:H7 apresenta frequentemente uma cor púrpura escura a magenta, tendo sido utilizada a *E. coli* O157:H7 ATCC 35150 como controlo positivo.

A deteção de *Legionella* spp. foi efectuada de acordo com a **APHA (2005)** utilizando ágar de extrato de levedura de carvão tamponado (BCYE) (HiMedia, Índia) suplementado com cefalotina, sulfato de colistina, vancomicina e cicloheximida (CCVC) (HiMedia, Índia) (apêndice I). As membranas foram cuidadosamente transferidas para placas de Petri. As placas foram incubadas a 37±0,5°C durante 4-7 dias em câmara húmida (Candle Jar), *Legionella pneumophila* ATCC 33152 foi utilizada como controlo positivo (Quadro II-2).

Para a deteção de *H. pylori*, as membranas foram cuidadosamente colocadas em placas de ágar Columbia (Lab M, Reino Unido) com 5% de sangue de carneiro desfibrinado e suplementadas com vancomicina, trimetoprim, cefsulodina e anfotericina B (Oxoid) (apêndice I). As placas foram incubadas durante 3 a 5 dias em condições microaerofílicas a 37±0,5°C.

Quadro II-2. Lista de estirpes bacterianas e antisra utilizados

Estirpe (1)	*E. coli* O157:H7 ATCC 35150 (*VACSERA, Co*)
Estirpe (2)	*E. coli* O157:H7 isolada da água do rio Nilo (Ramal da Rossita) e confirmada por testes bioquímicos, serológicos e PCR
Estirpe (3)	*E. coli* O157:H7 isolada de El- Rahawy Drain e confirmada por testes bioquímicos, serológicos e PCR
Antissoro de *E. coli* O157	Antissoro de *E. coli* O157 (DifcoTM)
Legionella pneumophila	ATCC 33152 (*VACSERA,*, Co.)
***Salmonella enterica* Typhimurium**	ATCC 14028
Listeria monocytogenes	ATCC 25152, NCTC 7973
E. coli	ATCC 25922
Staphylococcus aureus	ATCC 43300
Pseudomonas aeruginosa	ATCC 10145

2.3.3.1. Identificação de *E. coli* O157:H7

A identificação de *E. coli* O157:H7 foi efectuada de acordo com a **ISO (1991) e a APHA (2005).** O isolado presumivelmente positivo do ágar seletivo HiCrome EC O157:H7 foi testado para fermentação de sorbitol, testes de indol e oxidase. Os isolados indole positivos, não fermentadores de sorbitol e oxidase negativos foram considerados suspeitos de *E. coli* O157:H7. Além disso, os isolados de *E. coli* O157:H7 foram confirmados pelo teste serológico de aglutinação somática EC O157:H7. Alguns isolados de *E. coli* O157:H7 foram seleccionados para confirmação utilizando BIOLOG GN III de acordo com as instruções do fabricante. Além disso, todos os isolados de *E. coli* O157:H7 foram confirmados por PCR multiplex.

2.3.3.2. Identificação de *Legionella* spp.

A identificação bioquímica de *Legionella* spp. foi efectuada de acordo com **Brenner *et al.* (1984) e APHA (2005)**. Presumiu-se que as colónias suspeitas que apresentaram crescimento em BCYE e que não apresentaram crescimento em BCYE sem L-cisteína e em caldo nutriente eram *Legionella* spp. Os isolados foram incluídos nos testes bioquímicos de confirmação seguintes: negativos para os testes da urease e da redução de nitratos; móveis, positivos para os testes da catalase, da oxidase e da hidrólise da gelatina e exibindo fluorescência branca azulada sob UV a 365 nm foram confirmados como *Legionella pneumophila*, enquanto os nomotilos, negativos para os testes da urease e da redução de nitratos, da oxidase e da hidrólise não gelatinosa e exibindo fluorescência branca azulada sob UV a 365 nm foram confirmados como outras espécies de *Legionella*.

2.3.3.3. Identificação de *H. pylori*

A identificação bioquímica de *H. pylori* foi efectuada de acordo com **Stephen *et al.* (1986)**. As suspeitas de *H. pylori foram isoladas a* partir de ágar Columbia suplementado com 5% de sangue de ovelha e mantidas em meio BHI (10% de glicerol). Os isolados que apresentaram urease, catalase, oxidase, testes de motilidade positivos e redução de nitratos negativa foram confirmados como *H. pylori*.

2.3.3.4. Testes bioquímicos

2.3.3.4.1. Fermentação de sorbitol

Os isolados de *E. coli* O157:H7 foram transferidos da lâmina armazenada para 5 ml de TSB (DIFCO Co.) (apêndice I). Os tubos foram incubados a 37º C durante 18-24 h e depois subcultivados em ágar sorbitol HiCrome MacConky (HiMedia, Índia) suplementado com telurito e cefixima (apêndice I) e incubados a 37°C durante 24 h. A *E. coli* O157:H7 apresentou uma colónia incolor considerada não fermentadora de sorbitol.

2.3.3.4.2. Ensaio do indole

Os isolados de *E. coli* O157:H7 foram inoculados em tubos de água de triptona (apêndice I) e incubados a 37°C durante 18-24 h. Foram adicionados 0,5 ml de reagente de indole Kovacs (apêndice I) na parede interna dos tubos para testar a produção de indol. A formação de um anel vermelho indica um teste de indol positivo.

2.3.3.4.3. Teste da oxidase

Um inóculo de cultura pura foi misturado com algumas gotas de solução de dicloridrato de *tetrametil-p-fenileno-diamina* a 1% num papel de filtro. A cor violeta ou púrpura desenvolvida em 10-15 minutos indica um microrganismo oxidase positivo.

2.3.3.4.4. Teste de motilidade

Mergulhou-se verticalmente (até 1-2 cm no meio) uma alçada da cultura testada num meio de motilidade (Apêndice I). Os tubos foram incubados a 25° C durante 24 h.

2.3.3.4.5. Teste da catalase

Para detetar a presença da enzima catalase, mergulhou-se um tubo capilar em 3% de $H O_{22}$ e, em seguida, tocou-se numa colónia; o desenvolvimento de bolhas foi registado como um teste positivo.

2.3.3.4.6. Redução de nitratos e desnitrificação

Inoculou-se uma alçada da cultura de ensaio em meio de caldo de redução de nitratos (apêndice I). O tubo foi incubado a 37° C durante 24-48 h. Foi adicionada aos tubos uma gota da solução colorida A e uma gota da solução B (apêndice I). Uma coloração cor-de-rosa ou vermelha indica a presença de nitritos (resultado positivo); a ausência de mudança de cor indica a ausência de nitritos. Adicionou-se a cada caldo um palito cheio de zinco. A mudança de cor para vermelho indica um teste negativo de redução de nitratos; a ausência de mudança de cor significa que não havia nitrato presente. Assim, a ausência de alteração da cor nesta altura é um resultado positivo.

2.3.3.4.7. Teste da urease

Inoculou-se uma alçada da cultura de ensaio num tubo de caldo de ureia (apêndice I). O tubo foi incubado a 37° C durante 24 h. Um teste de urease positivo foi indicado por uma mudança de cor para rosa brilhante (fúcsia), enquanto a cor amarela é considerada como urease negativa.

2.3.3.4.8. Hidrólise da gelatina

Foi inoculada uma cultura pura num meio de gelatina nutritiva (Apêndice I). Os tubos foram incubados a 37° C durante 24 horas e, em seguida, os tubos inoculados foram refrigerados. Os resultados positivos foram indicados pelo facto de a gelatina não solidificar após a refrigeração.

2.3.3.5. Teste serológico de *E. coli* O157:H7

Os isolados de E. coli O157:H7 foram testados em relação ao antigénio somático utilizando o antissoro de *E. coli* O157 (Difco™) de acordo com as instruções do fabricante, como se segue: uma alçada de *E. coli* O157:H7 foi subcultivada em ágar de infusão de vitela (apêndice I) e incubada a 37°C durante 24 h. O crescimento do isolado foi suspenso num tubo contendo 9 ml de solução de NaCl a 0,85% para obter uma suspensão homogénea. A suspensão foi fervida num banho de água durante 30-60 min. Depois de a suspensão arrefecer, adicionou-se formalina a uma concentração final de 0,5% em volume. Numa estante, foi preparada uma fila de 8 tubos de ensaio para cada suspensão de organismos a testar. Distribuiu-se 0,9 ml de solução de NaCl a 0,85% no primeiro tubo de cada fila e 0,5 ml nos restantes tubos.

Foram preparadas diluições em série utilizando o antissoro *E. coli* O157 reidratado (DifcoTM). Foram adicionados 100 µl de antissoro ao tubo 1 de cada fila e misturados. Transferiu-se 0,5 ml do tubo 1 para o tubo 2 e misturou-se. De forma semelhante, transferiu-se 0,5 ml para o tubo 7 e rejeitou-se 0,5 ml do tubo 7. O tubo 8 era um tubo de controlo negativo que continha apenas solução de NaCl a 0,85%. Adicionou-se 0,5 ml da suspensão do organismo em estudo a cada um dos 8 tubos. O suporte foi agitado para misturar e incubado num banho de água a $50 \pm 2°C$ durante 24 horas.

2.3.3.6. Teste BIOLÓGICO de *E. coli* O157:H7

A E. coli O157:H7 foi confirmada utilizando o protocolo A (BIOLOG GNIII contendo o sistema MicroStation™/MicroLog Versão 5.1.1., EUA).

As colónias foram semeadas em placas de TSA (Apêndice I) e incubadas a 37° C durante 24 horas. Foi colhida uma única colónia utilizando uma zaragatoa de inoculação descartável estéril e inoculada em 10 ml de líquido de inoculação (A) (IF-A). O organismo contendo IF-A foi dispensado em 96 poços da microplaca (100 µl por poço) com um pipetador de repetição multicanal. A microplaca foi incubada a 37° C durante 24 horas. A leitura foi efectuada automaticamente pelo sistema computorizado MicroStation™ com os dados da impressão digital que foram previamente introduzidos no software.

2.4. Deteção de bactérias patogénicas por PCR 2.4.1. Preparação de amostras de água para PCR

As amostras de água foram preparadas do seguinte modo: 100-2000 ml foram filtrados com uma membrana de nitrocelulose (0,2 µm de porosidade e 47 mm de diâmetro (Whattman Co.)). Os filtros de membrana foram transferidos para placas contendo 10 ml de TSB com 10% de glicerol. As placas foram incubadas durante a noite à temperatura ambiente, com agitação suave. As extracções de ADN foram efectuadas de acordo com **Kapperud *et al*. (1993) e Waage *et al*. (1999).** De cada cultura nocturna, 100 µl foram transferidos para um tubo eppendorf e centrifugados a 14000 rpm durante 10 minutos numa microcentrifugadora (Sigma, Reino Unido). Os pellets resultantes foram ressuspensos em 50 µl de tampão PCR 1X sem $MgCl_2$ e 1 µl de proteinase K (0,2 mg/ml). Após incubação a 37° C durante 1 h, as bactérias foram lisadas por ebulição durante 10 min. As amostras de ADN extraído foram armazenadas a -20° C durante a noite antes da PCR. Após descongelação à temperatura ambiente e centrifugação a 14000 rpm durante 5 min, foram adicionados 50 µl de tampão de PCR 1X a 50 µl do fluido sobrenadante para um volume final de 100 µl e 5 µl de sobrenadante serão utilizados para a reação de PCR.

2.4.3. Extração de ADN de isolados de *E. coli* O157:H7

A extração de ADN do isolado foi realizada de acordo com **Bai *et al.* (2010)**, a colónia pura foi semeada numa placa de TSA e incubada durante a noite a 37°C. Uma colónia de cada isolado foi suspensa em 1 ml de água destilada estéril, fervida durante 10 minutos e depois conservada em gelo durante 5 minutos. Após centrifugação a 12000 rpm durante 10 min; 300-500 µl de sobrenadante foram transferidos para um novo eppendorf, 5 µl de sobrenadante foram utilizados como modelo em reacções de PCR.

2.4.4. Deteção de *E. coli* O157:H7 por PCR multiplex 2.4.3.1. Seleção e síntese de iniciadores de *E. coli* **O157**:H7

A deteção de *E. coli* O157:H7 por PCR multiplex foi efectuada de acordo com muitos autores (Quadro II-3), utilizando primers que visam seis genes de virulência de *E. coli* O157:H7, como se segue: *stx1* (gene da toxina Shiga 1), *stx2* (gene da toxina Shiga 2), *eae* (gene da intimina), *hlyA* (gene da hemolisina), *rfbE* (gene do antigénio O157) e *fliC* (gene do antigénio flagelar) num microtubo. Os primers deste estudo foram sintetizados pela Bio-Basic Inc., Canadá.

Quadro II-3. Sequência de primers de 6 genes de virulência alvo utilizados para a deteção de *E. coli* O157:H7 por PCR multiplex

Nome dos primers	Gene alvo	Sequência do iniciador (5' a 3')	Tzw C⁰	tamanho do produto	Referência
fliC-F *fliC-R*	antigénio flagelar	AGC TGC AAC GGT AAG TGA TTT GGC AGC AAG CGG GTT GGT C	56.0 64.0	949 pb	**Wang *et al.* (2000)**
Stxl-F *Stxl-R*	Toxina de Shiga 1	TGT CGC ATA GTG GAA CCT CA TGC GCA CTG AGA AGA AGA GA	57.8 57.8	655 pb	**Bai *et al.* (2010)**
Stx2-F *Stx2-R*	Toxina de Shiga 2	CCA TGA CAA CGG ACA GCA GTT TGT CGC CAG TTA TCT GAC ATT C	59.9 58.2	477 pb	**Fagan *et al.* (1999); Bai *et al.* (2010)**
eae-F eae-R	intimidade	CAT TAT GGA ACG GCA GAG GT ACG GAT ATC GAA GCC ATT TG	57.8 55.7	375 pb	**Bai *et al.* (2010)**
rfbE-F *rfbE-R*	O157 antigénio	CAG GTG AAG GTG GAA TGG TTG TC	61.5	296 pb	**Bertrand e Roig (2007)**

| | | TTA GAA TTG AGA CCA TCC AAT AAG | 55.1 | | |
| hlyA-F hlyA-R | hemolisina | GCG AGC TAA GCA GCT TGA AT

TGC GCA CTG AGA AGA AGA GA | 57.8

57.8 | 199 pb | Bai *et al.* (2010) |

R: Inverter, **F:** Avançar

2.4.4.4. Otimização das condições de PCR para *E. coli* O157:H7

As condições da PCR multiplex foram executadas de acordo com **Bai *et al.* (2010)**; no entanto, não foi efectuada qualquer amplificação de ADN para obter produtos de PCR, pelo que foram utilizadas diferentes condições para alcançar uma condição óptima. A PCR multiplex neste estudo foi utilizada de duas formas; a primeira para confirmar e caraterizar as colónias suspeitas de *E. coli* O157:H7 (que foram isoladas pelo método de cultura), a segunda forma foi utilizada para detetar *E. coli* O157:H7 em amostras de água após enriquecimento em TSB durante 24 horas. Todas as reacções de PCR foram realizadas no termociclador TC-S (BOECO, Alemanha).

A PCR multiplex foi primeiro optimizada em *E. coli* O157:H7 ATCC 35150 (Quadro II-2). Os factores testados incluem: concentração de iniciadores numa gama de 0,1-0,5 µM, concentração de dNTPs numa gama de 200-400 µM, temperaturas de recozimento numa gama de 50-65° C, concentração de Taq DNA polimerase numa gama de 2-4 unidades e número de ciclos de PCR numa gama de 25-35 ciclos. Após uma série de testes, foram estabelecidas as seguintes condições óptimas para o procedimento de PCR multiplex de seis genes: volume de reação de 50 µl constituído por 5 µl de ADN modelo e 45 µl de mistura (BioFlux) contendo; 5 µl de tampão de PCR 10x (contendo 7.5 mM de MgCl2, 50 mM de KCl, 20 mM de Tris-HCl (pH 8,4)), 0,5 µl de cada iniciador (mistura de igual quantidade dos stocks de iniciadores 100 mM), 250 µM de dNTPs e 4 unidades de Taq DNA polimerase (Bio-Rad, CA).

O programa de PCR utilizado após otimização foi: 94°C de desnaturação durante 3 min, 35 ciclos de 94°C de desnaturação durante 30 s, 60°C de recozimento durante 30 s, 72°C de extensão durante 75 s e um passo de extensão final a 72°C durante 5 min.

2.4.4.5. Sensibilidade e especificidade da deteção da PCR multiplex

O teste de sensibilidade da PCR foi efectuado utilizando a estirpe 1 (*E. coli* O157:H7; ATCC 35150) (Quadro II-2) como controlo positivo. O controlo positivo após enriquecimento em TSB durante 24 horas foi lavado três vezes por centrifugação a 3000 rpm durante 15-20 minutos. Os sedimentos foram ressuspendidos em solução salina tamponada com fosfato (PBS), tendo sido

preparadas duas porções de diluições em série de 10 vezes (de 10 -10^{-1-9}).
Uma porção foi testada utilizando PCR multiplex e a outra porção foi
contada utilizando ágar de contagem de placas.

A especificidade dos iniciadores da PCR multiplex foi realizada utilizando
a estirpe *E. coli* O157:H7 (1) (quadro II-2) como controlo positivo. Os
controlos negativos (quadro II-2) incluíam *E. coli* ATCC 25922,
*Enterobacter cloacae, Klebsiella pneumonia, Proteus mirabilis, Listeria
monocytogenes* ATCC 25152, *Salmonella enterica* serovar Typhimurium
ATCC 14028, *Pseudomonas aeruginosa* ATCC 10145, *Staphylococcus
aureus* ATCC 43300 e *E. coli, tendo* todos os controlos negativos sido
obtidos no Laboratório de Bacteriologia, Departamento de Investigação da
Poluição da Água, NRC, Egipto. As extracções de ADN para os controlos
positivos e negativos foram extraídas e a PCR multiplex foi realizada de
acordo com o procedimento descrito anteriormente.

2.4.4.6. Eletroforese em gel

O ADN amplificado foi separado em gel de agarose a 2% e corado com 0,5
µg/ml de brometo de etídio com digestão Ladder ΦX174 DNA/HaeIII
(TOYOBO, Japão). As bandas de ADN foram visualizadas e documentadas
com um sistema de imagiologia Gel Doc UVP (UVP, Reino Unido).

2.4.4.7. Sequenciação de ADN

A sequenciação do ADN da *E. coli* O157:H7 foi efectuada em produtos de
PCR do gene do antigénio O157 (um par de iniciadores *rfbE-F* e *rfbE-R*)
com um tamanho de fragmento de 296 pb.

Os produtos de PCR positivos foram sequenciados na Gene Sequences Unit
(*VACSERA*, Co.). Foram purificados 50 µl dos produtos de PCR utilizando
um kit de purificação de PCR de elevada pureza (Qiagen) de acordo com as
instruções do fabricante. A sequenciação de ciclos foi efectuada nos
produtos purificados com um ABI Prism Big dye termination cycle
sequencing ready reaction (Applied biosystem), utilizando os mesmos
primers da PCR e seguindo as instruções do fabricante. O ADN foi
sequenciado com um sequenciador automático de ADN ABI Prism (modelo:
310). Os dados de sequências de ambas as vertentes dos produtos da PCR e
a extensa informação de sequências da base de dados GenBank foram
alinhados e comparados utilizando os programas clustal X e blast
(Thompson *et al.*, 1997).

2.5. Teste de sensibilidade aos antibióticos de isolados de *E. coli* O157:H7 e *Legionella*

Quarenta e quatro isolados de *E. coli* O157:H7, a estirpe 1 (*E. coli*

O157:H7 ATCC 35150), dez isolados de *Legionella* e *L. pnumophilia* ATCC

33152 (quadro II-2) foram examinados quanto à suscetibilidade a 6 antibióticos utilizando o método de difusão em disco de Bauer-Kirby **(Bauer et al., 1966)**. Para o teste de suscetibilidade, foram utilizados os seguintes discos (Oxoid, Reino Unido): amoxicilina 10 mg (AML 10), cefixima 5 mg (CFM 5), ciprofloxacina 5 mg (CIP 5), tetraciclina 30 mg (TE 30), claritomicina 15 mg (CLR 15) e estreptomicina 10 mg (S 5), que representam seis grupos de antibióticos, como se segue penicilina, cefalosporina de 3rd geração, quinolonas, tetraciclina, macrólidos e aminoglicosídeos, respetivamente. Os microrganismos testados foram cultivados em placas de ágar Müller Hinton (Anexo I) e incubados a 37° C durante 24 h. Os isolados foram classificados como sensíveis ou resistentes a cada antibiótico de acordo com o National Committee for Clinical Laboratory Standard **(NCCLS, 2007)**. Foram utilizadas estirpes de *E. coli* ATCC 25922 e *S. aureus* para o controlo de qualidade.

2.6. Sobrevivência de *E. coli* O157:H7 em diferentes tipos de água 2.6.1. Estirpes bacterianas e preparação do inóculo

Foram utilizadas três estirpes seleccionadas de *E. coli* O157:H7 (estirpes 1, 2 e 3) (Quadro II-2). Subcultivou-se uma porção da estirpe em 100 ml de TSB e incubou-se a 37°C durante 24 h, centrifugando-se depois a 3000 rpm durante 20 min. Os sedimentos foram lavados três vezes com água destilada esterilizada. O sedimento foi suspenso em 10 ml de água destilada esterilizada. Esta suspensão foi utilizada como inóculo para evitar a introdução de nutrientes ou minerais adicionais na água. A densidade do inóculo (contagem inicial) das estirpes foi determinada por diluições seriadas de dez vezes e contadas utilizando meios selectivos e ágar de contagem de placas.

2.6.3. Água testada

Foram utilizados três tipos de amostras de água, a saber

1.   Foram recolhidos dois litros de água subterrânea na província de Qalyubia.

2.   Foram recolhidos dois litros de água do rio Nilo da corrente principal do braço de Rossita, na província de Gizé, antes do ponto de mistura com o sistema de drenagem de El-Rahawy. Foram determinados alguns parâmetros físico-químicos, tais como (pH = 8, CE = 394 µs, TDS = 224 mg/l, NO$_2$ = 0,01 mg/l, NO$_3$ = 0,18 mg/l, Turbidez = 3,13 NTU e CQO = 19 mg/l)

3.   Foram recolhidos dois litros do esgoto de El- Rahawy, na província de Giza. Foram determinados alguns parâmetros físico-químicos, tais como (pH =7,3, CE =1378 µs, TDS =740 mg/l, NO2 =0,00 mg/l, NO3= 0,2 mg/l, Turbidez= 10 NTU, e CQO = 71,5 mg/l)

As amostras de água foram recolhidas em frascos esterilizados e transferidas para o laboratório do NRC no prazo de 2 horas, em caixas de gelo. Cada tipo de água foi dividido em 4 frascos (cada frasco contém 200 ml). Dois frascos dos 4 frascos foram autoclavados a 121°C durante 15 minutos (Figura II-2).

2.6.4. Inoculação de diferentes tipos de água pelas estirpes testadas

A experiência de sobrevivência foi efectuada para cada estirpe testada, adicionando um ml de estirpe de inóculo a 200 ml esterilizados e não esterilizados de água subterrânea (SGW, NSGW), água do rio Nilo (SRN, NSRN), frascos de águas residuais (SWW, NSWW), respetivamente. Dois frascos esterilizados e não esterilizados contendo 200 ml de água subterrânea, água do rio Nilo e frascos de águas residuais, respetivamente, foram utilizados como controlo (não inoculados) para as três estirpes. Os frascos inoculados e os frascos de controlo foram incubados a uma temperatura laboratorial de 20±2°C (a temperatura média anual da água do Egipto), tal como esta experiência foi repetida com as estirpes (2) e (3) (Quadro II-2).

2.6.5. Determinação das contagens das estirpes testadas

A determinação das contagens das estirpes testadas foi efectuada no primeiro e segundo dias após a inoculação e, em seguida, uma vez por semana, através de uma diluição em série de dez vezes de cada frasco.

O CBT foi determinado transferindo um ml do frasco adequado para uma placa de Petri esterilizada, utilizando meio de ágar para contagem de placas (apêndice I). A *E. coli* O157:H7 foi determinada espalhando a diluição adequada na superfície do ágar sorbitol HiCrome MacConky. As placas foram incubadas a 37°C durante 24 horas.

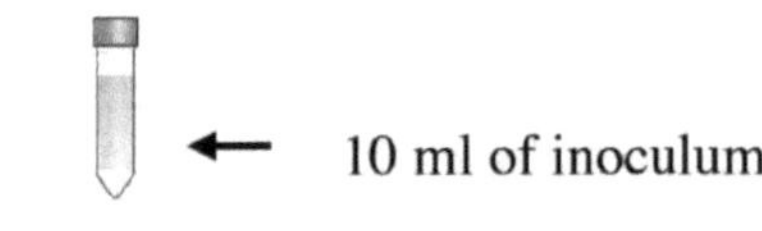

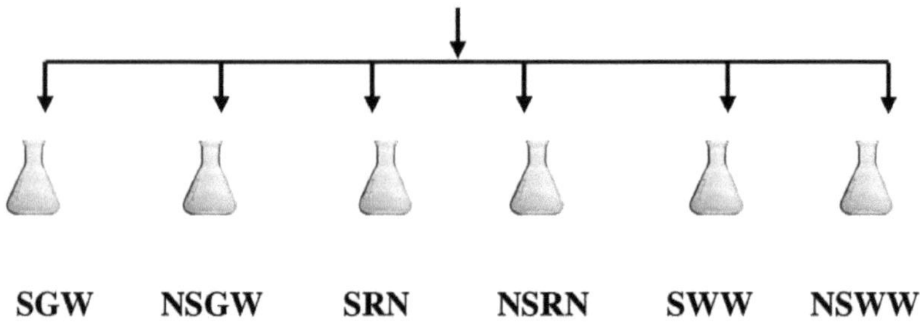

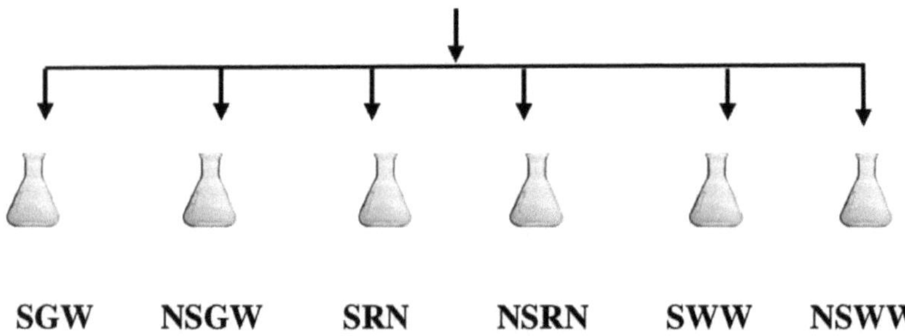

Incubation at 20°C (lab temp.) and examined weekly using both

TVBC   **(Selective media)**
MacConky sorbitol for *E. coli* O157:H7

SGW: Águas subterrâneas esterilizadas, **NSGW:** Águas subterrâneas não esterilizadas. **SRN:** Rio Nilo esterilizado, **NSRN:** Rio Nilo não esterilizado, **SWW:** Águas residuais esterilizadas, **NSWW:** Águas residuais não esterilizadas.

Figura II-2. Diagrama esquemático que mostra a experiência de sobrevivência das estirpes testadas em diferentes tipos de água

2.7. Necessidade de cloro de *E. coli* O157:H7 e L. *pneumophila*

A exigência de cloro para *E. coli* O157:H7 e L. *pneumophila* foi efectuada de acordo com **APHA (2005)**.

2.7.3. Estirpes bacterianas e preparação do inóculo

Foram utilizadas três estirpes seleccionadas de *E. coli* O157:H7 (estirpes 1, 2 e 3) e *Legionella pneumophila* ATCC 33152 (Quadro II-2). As estirpes testadas foram preparadas como mencionado anteriormente na secção 2.6.1.

2.7.4. Preparação da água de cloro

O gás cloro da estação de tratamento de água de Gizé foi injetado numa garrafa de vidro castanho com rolha de um litro contendo 250 ml de água destilada sem cloro e armazenado no escuro a 4° C.

2.7.5. Determinação da concentração de cloro

Adicionaram-se 2 ml de $H_2 SO_4$ (conc.), 1 g de iodeto de potássio (KI) e 0,5 ml de água de cloro a 100 ml de água destilada com cloro livre num erlenmeyer de 250 ml com uma rolha de ajuste rápido. O frasco foi mantido ao abrigo da luz durante 5 minutos e, em seguida, titulado com tiossulfato de sódio (titulante) até ao aparecimento de uma cor amarela pálida; depois, adicionou-se 1 ml de solução de amido e continuou-se a titulação até ao desaparecimento da cor azul. A quantidade de mg de cloro por litro foi calculada a partir da seguinte equação: **mg Cl$_2$** /l = ml de titulante X 0,9 (MW de Cl x N de tiossulfato de sódio titulante) / ml de amostra

2.7.6. Determinação do ponto de rutura do cloro das estirpes seleccionadas

9 frascos (frascos cónicos de 250 ml com rolha de encaixe rápido) contendo 100 ml de água do rio Nilo esterilizada (por filtração através de poros de 0,2 μm) foram inoculados com 0,5 ml de estirpes testadas e, em seguida, inoculados com diferentes concentrações de água de cloro de 0,2, 0,6, 1,0, 1,4, 1,8, 2,2, 2,6, 3,0 mg/l e um frasco de água de cloro não inoculado utilizado como controlo. Todos os frascos foram incubados durante 10 minutos no escuro. Foi transferido um ml de cada frasco para determinar as contagens de estirpes em cada dose de cloro e contadas utilizando ágar de contagem de placas. O cloro residual foi determinado adicionando 5 ml de solução tampão de fosfato e 5 ml de reagente indicador N, N-dietil-p-fenilenodiamina (DPD) a 100 ml de amostra e a absorvância foi imediatamente medida utilizando um espetrofotómetro com um comprimento de onda de 515 nm. O ponto de rutura para cada estirpe foi determinado desenhando as doses de cloro (mg/l) (eixo X) versus cloro residual (mg/l) (eixo Y).

2.8. Análise estatística

A relação entre os indicadores bacterianos (TVBC a 37° C e 22° C, TC, FC e FS) e *E. coli* O157:H7, *Legionella* spp. e *H. pylori* foi efectuada utilizando a correlação linear (correlação de Person) ($P \leq 0,005$ e $P \leq 0,05$). As análises estatísticas foram efectuadas com base nas contagens de 50 amostras de água do rio Nilo, 20 amostras de água do sistema de drenagem de El-Rahawy e 10 amostras de águas residuais hospitalares, de um total de 175 amostras de água recolhidas durante o período do estudo, e a relação entre a sobrevivência das bactérias patogénicas testadas em diferentes tipos de água (águas subterrâneas, rio Nilo e águas residuais tratadas) foi efectuada utilizando a correlação linear (correlação pessoal) ($P \leq 0,005$ e $P \leq 0,05$).

A relação entre as doses de cloro residual e as contagens de bactérias patogénicas testadas em diferentes doses de cloro e após um tempo de contacto de 10 minutos foi explicada por (R^2) utilizando a análise de regressão.

Todos os dados foram transformados em logaritmos decimais e processados pelo programa informático SPSS versão 14.0.

III. Resultados

3.1. Teste de sensibilidade e especificidade da PCR multiplex para *E. coli* O157:H7 (ATCC 35150) (estirpe 1)

3.1.1. Teste de sensibilidade (ensaio do limite de deteção)

A sensibilidade da PCR multiplex para a deteção de *E. coli* O157:H7 da estirpe de referência ATCC 35150 foi avaliada após uma fase de enriquecimento de 24 horas em TSB e depois lavada três vezes em PBS utilizando uma diluição em série para determinar a contagem mais baixa detetável (Quadro III-1). O limite de sensibilidade para a deteção de *E. coli* O157:H7 por PCR multiplex foi de 100 CFU/ml. As diluições até 10^{-4} revelaram quatro produtos PCR positivos, nomeadamente o gene da toxina Shiga 1 (*stx1*), o gene da toxina Shiga 2 (*stx2*), o gene da intimina (*eae*) e o gene do antigénio O157 (*rfbE*), respetivamente. O gene da toxina de Shiga 1 (*stx1*) não foi detectado nas diluições de 10^{-5} a 10^{-7} ; além disso, não foram detectados produtos PCR positivos nas duas últimas diluições de 10^{-8} e 10^{-9} (figura III- 1).

3.1.2. Teste de especificidade da PCR multiplex

A especificidade da PCR multiplex foi realizada utilizando controlos positivos e negativos. Os produtos da PCR do controlo positivo (estirpe 1) (pista 2) apresentaram bandas positivas. Por outro lado, as estirpes dos controlos negativos das linhas (3) a (11) apresentaram produtos PCR negativos (Figura III-2). A PCR multiplex apresentou resultados específicos para a deteção de *E. coli* O157:H7.

Quadro III-1. Limites do número de células de *E. coli* O157:H7 para deteção por PCR

Diluição	Média CFU/ml	PCR
Estoque	TNTC	+
10'1	TNTC	+
10'2	8.9x104	+
10'3	2.1x104	+
10'4	6.3x103	+
10'5	2.1×10^3	+
10'6	2.1×10^2	+
10'7	1.0×10^2	+
10'8	25	-

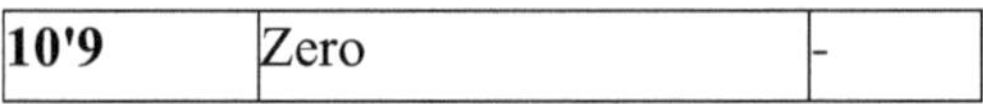

10'9	Zero	-

TNTC: Demasiado numerosos para contar

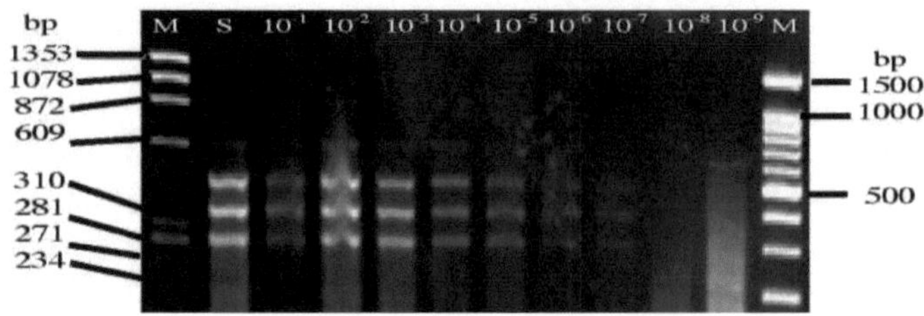

Figura III-1. Teste de sensibilidade da PCR multiplex, pista M: φX174 DNA-HaeIII Digest ladder, pista 2: Stock, Pistas 3- 11: diluição em série de 10^{-1} - 10^{-9} do controlo positivo *E. coli* O157:H7 ATCC 35150, Pista M: 100 bp DNA Ladder RTU.

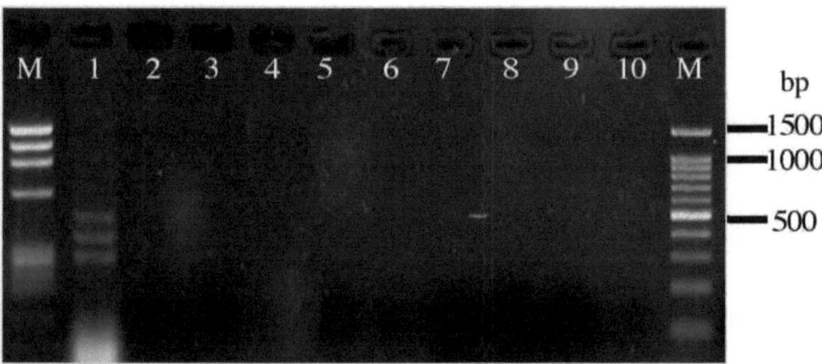

Figura III- 2. Teste de especificidade da PCR multiplex, pista M: φX174 DNA-HaeIII Digest ladder, pista 2: controlo positivo *E. coli* O157:H7 ATCC 35150, pista 3: *E. coli* ATCC 25922, pista 4: *Enterobacter cloacae*, pista 5: *Klebsiella pneumonia*, pista 6: *Proteus mirabilis*, pista 7: *Listeria monocytogenes* ATCC 25152, pista 8: *Salmonella* Typhimurium ATCC 14028, pista 9: *Pseudomonas aeruginosa*, pista 10: *Staphylococcus aureus*, pista 11: *E. coli*, pista M: 100 bp DNA Ladder RTU.

3.2. Determinação de indicadores bacterianos e de bactérias patogénicas seleccionadas em amostras de água

3.2.1. Amostras de águas subterrâneas

3.2.1.1. Águas subterrâneas não tratadas (província de New Valley)

Foram recolhidas vinte amostras de águas subterrâneas de 20 poços localizados em Kharga, Dakhla e Baris Oasis, New Valley Governorate, cada amostra foi recolhida duas vezes (em junho e dezembro de 2010). Os valores médios das contagens totais de bactérias viáveis (TVBC) a 37 e 22°

C variaram entre 152 e 180 CFU/ml nas quarenta amostras de águas subterrâneas. Os valores mínimos de TVBC foram 1 e 2 CFU/ml a 37 e 22° C, respetivamente. Enquanto que os valores máximos foram 885 CFU/ml a 37° C e 1050 CFU/ml a 22° C. Observou-se um valor ligeiramente elevado de CBTV durante o mês de junho (verão). Foram detectados coliformes totais (CT) em três poços (poços n.ºs 2, 5 e 7) apenas durante o mês de junho, além disso, foram detectados coliformes fecais (CF) no poço n.º. 7 durante o mês de junho, enquanto que os estreptococos fecais (FS) não foram detectados em nenhum poço (Quadro III-2).

A Escherichia coli O157:H7 não foi detectada pelo método de cultura utilizando o meio de ágar seletivo HiCrome EC O157:H7 ou por PCR. Também não foram detectadas *Legionella* spp. e *H. pylori* por métodos de cultura em amostras de águas subterrâneas não tratadas da província de New Valley (Quadros III-3).

Tabela III-2. Valores médios de TVBC a 37 e 22° C, TC, FC e FS em amostras de águas subterrâneas, New Valley Governorate, recolhidas em junho e dezembro de 2010

Bem, não.	CBT (UFC/ml)		MPN- Índice /100ml		
	37 C°	22 C°	TC	FC	FS
1	390	450	ND	ND	ND
2	885	1050	1.0	ND	ND
3	260	325	ND	ND	ND
4	35	51	ND	ND	ND
5	340	435	3.0	ND	ND
6	9.0	11	ND	ND	ND
7	480	505	3.0	1.0	ND
8	15	13	ND	ND	ND
9	180	250	ND	ND	ND
10	392	420	ND	ND	ND
11	3.0	6.0	ND	ND	ND
12	2.0	7.0	ND	ND	ND
13	6.0	11	ND	ND	ND
14	27	28	ND	ND	ND
15	3.0	6.0	ND	ND	ND
16	1.0	2.0	ND	ND	ND

17	11	14	ND	ND	ND
18	3.0	4.0	ND	ND	ND
19	6.0	7.0	ND	ND	ND
20	3.0	5.0	ND	ND	ND
Min.	1.0	2.0	1.0	ND	ND
Máximo.	885	1050	3.0	ND	ND
Média	152	180	-	ND	ND

ND: Não detectado, **TC:** Coliforme total, **FC:** Coliforme fecal, **FS:** Estreptococos fecais

Tabela III-3. Deteção de *E. coli* O157:H7, *Legionella* spp. e *H. pylori* em amostras de águas subterrâneas, na província de New Valley em junho e dezembro de 2010

Bem, não.	E. coli O157:H7		Legionella spp. (CFUZ100ml)	H. pylori (CFUZ100ml)
	PCR	CFUZ100ml		
1	-	ND	ND	ND
2	-	ND	ND	ND
3	-	ND	ND	ND
4	-	ND	ND	ND
5	-	ND	ND	ND
6	-	ND	ND	ND
7	-	ND	ND	ND
8	-	ND	ND	ND
9	-	ND	ND	ND
10	-	ND	ND	ND
11	-	ND	ND	ND
12	-	ND	ND	ND
13	-	ND	ND	ND
14	-	ND	ND	ND
15	-	ND	ND	ND
16	-	ND	ND	ND
17	-	ND	ND	ND
18	-	ND	ND	ND

19	-	ND	ND	ND
20	-	ND	ND	ND

ND: não detectado.

3.2.1.2. Águas subterrâneas tratadas (província de Qalyubia)

As amostras de águas subterrâneas tratadas foram recolhidas mensalmente de setembro a dezembro de 2010 em dez poços representativos na província de Qalyubia. O TVBC variou de 1,0- 22 e 2,0- 28 CFU/ml a 37 e 22°C, respetivamente. TC, FC e FS não foram detectados em nenhuma das amostras de água (Tabela III- 4).

A E. coli O157:H7 não foi detectada nem pelo método de cultura nem pela PCR. Além disso, *Legionella* spp. e *H. pylori* não foram detectadas por métodos de cultura nas mesmas amostras colhidas na província de Qalyubia (quadros III-5).

Tabela III-4. Valores médios de TVBC a 37 e 22° C, TC, FC e FS em amostras de águas subterrâneas, província de Qalyubia, recolhidas de setembro a dezembro de 2010

Bem, não.	CBT (UFC/ml)		MPN- Índice /100ml		
	37 C°	22 C°	TC	FC	FS
1	22	28	ND	ND	ND
2	19	20	ND	ND	ND
3	4.0	6.0	ND	ND	ND
4	5.0	12	ND	ND	ND
5	2.0	2.0	ND	ND	ND
6	7.0	9.0	ND	ND	ND
7	3.0	5.0	ND	ND	ND
8	1.0	2.0	ND	ND	ND
9	2.0	7.0	ND	ND	ND
10	4.0	9.0	ND	ND	ND
Min.	1.0	2.0	ND	ND	ND
Máximo.	22	28	ND	ND	ND
Média	7.0	10	ND	ND	ND

ND: Não detectado, **TC:** Coliforme total, **FC:** Coliforme fecal, **FS:** Estreptococos fecais

Tabela III-5. Deteção de *E. coli* O157:H7, *Legionella* spp. e *H. pylori* em amostras de águas subterrâneas tratadas, província de Qalyubia, recolhidas de setembro a dezembro de 2010

Locais de amostragem	*E. coli* O157:H7		*Legionella* spp. (CFU/100ml)	*H. pylori* (CFU/100ml)
	PCR	UFC/100 ml		
1	-	ND	ND	ND
2	-	ND	ND	ND
3	-	ND	ND	ND
4	-	ND	ND	ND
5	-	ND	ND	ND
6	-	ND	ND	ND
7	-	ND	ND	ND
8	-	ND	ND	ND
9	-	ND	ND	ND
10	-	ND	ND	ND

ND: não detectado.

3.1.2. Água do mar

Foram determinados indicadores bacterianos e bactérias patogénicas seleccionadas em quinze amostras aleatórias de água do mar. As amostras costeiras foram recolhidas uma vez no Mar Mediterrâneo, na província de Marsa Mtaroh, em cinco praias públicas, em junho de 2010.

As contagens médias de TVBC a 37 e 22° C foram de $9,2x10^2$ e $1,4x10^3$ CFU/ml, respetivamente. A contagem mínima de CBT a 37° C foi determinada no local n.º 6 ($1,0x10^2$ CFU/ml). A contagem mínima de CBT a 22° C foi determinada no local n.º 13 ($1,0x10^2$ CFU/ml). Os valores máximos foram $5,2x10^3$ CFU/ml a 37° C (local nº 5) e $5,6x10^3$ CFU/ml a 22° C (local nº 4), (Tabela III-6). TC, FC, FS, *E. coli* O157:H7, *Legionella* spp. e *H.*

pylori não foram detectados em amostras de água do mar (Quadros III-6, III-7).

Tabela III-6. TVBC a 37 e 22° C, TC, FC e FS em amostras de água do mar, província de Marsa Matroh, recolhidas em junho de 2010

Locais de amostragem	TVBC (CFU/ml)		MPN- Índice /100ml		
	37 C°	22 C°	TC	FC	FS
1	$1.2x10^3$	$2.8x10^3$	ND	ND	ND

2	2.9×10^2	5.8×10^2	ND	ND	ND
3	1.2×10^2	1.1×10^2	ND	ND	ND
4	4.2×10^3	5.6×10^3	ND	ND	ND
5	5.2×10^3	4.9×10^3	ND	ND	ND
6	1.0×10^2	1.1×10^2	ND	ND	ND
7	3.5×10^2	3.4×10^2	ND	ND	ND
8	1.1×10^2	1.2×10^2	ND	ND	ND
9	6.0×10^2	5.9×10^2	ND	ND	ND
10	5.2×10^2	5.0×10^2	ND	ND	ND
11	2.8×10^2	3.1×10^2	ND	ND	ND
12	1.4×10^2	1.5×10^2	ND	ND	ND
13	1.1×10^2	1.0×10^2	ND	ND	ND
14	2.0×10^2	2.1×10^2	ND	ND	ND
15	3.8×10^2	2.9×10^2	ND	ND	ND
Min.	1.0×10^2	1.0×10^2	ND	ND	ND
Máximo.	5.2×10^3	5.6×10^3	ND	ND	ND
Média	9.2×10^2	1.4×10^3	ND	ND	ND

ND: Não detectado, **TC:** Coliforme total, **FC:** Coliforme fecal, **FS:** Estreptococos fecais

Tabela III-7. Deteção de *E. coli* O157:H7, *Legionella* spp. e *H. pylori* na água do mar, na província de Marsa Matroh, recolhida em junho de 2010

Locais de amostragem	*E. coli* O157:H7		*Legionella* spp. (CFU/100ml)	*H. pylori* (CFU/100ml)
	PCR	UFC/100 ml		
1	-	ND	ND	ND
2	-	ND	ND	ND
3	-	ND	ND	ND
4	-	ND	ND	ND
5	-	ND	ND	ND
6	-	ND	ND	ND
7	-	ND	ND	ND
8	-	ND	ND	ND

9	-	ND	ND	ND
10	-	ND	ND	ND
11	-	ND	ND	ND
12	-	ND	ND	ND
13	-	ND	ND	ND
14	-	ND	ND	ND
15	-	ND	ND	ND

ND: não detectado.

3.2.3. Água do rio Nilo

As Tabelas (III-8) e (III-9) mostram os valores médios de TVBC a 37 e 22° C, TC, FC, FS, *E. coli* O157:H7, *Legionella* spp. e *H. pylori* de cinco réplicas de amostras de água de (10 locais) de amostras de água do rio Nilo, recolhidas mensalmente durante cinco meses (março-julho de 2011).

Os locais de amostragem estão distribuídos por cerca de um quilómetro ao longo do Ramo Rossita. Três locais situavam-se antes do ponto de mistura com a drenagem de El-Rahawy (locais n° 1, 2 e 3); um local representava a mistura com a drenagem de El-Rahawy (local n° 4) e seis locais após o ponto de mistura (locais de 5 a 10).

Os resultados mostraram que as contagens médias de CBT a 37 e 22° C foram de $1,0x10^5$ e $1,4x10^5$ CFU/ml, respetivamente, e que as médias de CT, FC e FS foram de $5,8x10^4$, $3,3x10^4$ e $4,0x10^4$ MPN- Index/100ml, respetivamente (Quadro III-8).

Os valores médios mínimos de TVBC foram $1,1x10^2$ e $2,3x10^2$ CFU/ml a 37° C (local no. 3) e 22° C (local no.1) respetivamente, enquanto que os valores médios mínimos de TC, FC e FS foram $1,7x10^2$, $7,8x10$ e $6,8x10$ MPN-Index/100ml respetivamente no local no. 1. Por outro lado, os valores médios máximos de TVBC foram $2,3x10^5$ CFU/ml a 37° C e $3,2x10^5$ CFU/ml a 22° C (local n.° 4). Enquanto que os valores médios máximos de TC, FC e FS foram $2,7x10^5$, $1,0x10^5$ e $2,4x10^5$ MPN- Index/100ml respetivamente no local no. 4 (Tabela III- 8).

De um modo geral, os valores mínimos dos indicadores bacterianos foram observados nos locais n. 1, 2 e 3 antes do ponto de mistura com o sistema de drenagem de El- Rahawy. Enquanto os valores máximos foram observados no local n. 4 (ponto de mistura com o sistema de drenagem de El-Rahawy), seguido do local no. 5 até ao sítio no. 10 (Quadro III-8).

As contagens médias detectadas para *E. coli* O157:H7, *Legionella* spp. e *H. Pylori* foram de $3,1x10^2$, $3,3x10^2$ e $2,7x10^2$ CFU/100ml, respetivamente, utilizando o método de cultura na água do Rio Nilo, Ramo Rossita durante cinco meses (de março a julho de 2011) (Tabela III-9). A contagem média mínima de *E. coli* O157:H7 foi de $1,3 \times 10^2$ CFU/100ml no local no. 7. Para além disso, as contagens médias mínimas de *Legionella* spp. e *H. pylori* foram de $2,5 \times 10$ e $4,5 \times 10$ CFU/100ml no local n.º 10, respetivamente. 10, respetivamente. O valor médio máximo de *E. coli* O157:H7, *Legionella* spp. e *H. pylori* foi de $1,9 \times 10^3$, $3,0 \times 10^3$ e $2,4 \times 10^3$ CFU/100ml, respetivamente, no local no. 4 (ponto de mistura com o esgoto de El-Rahawy). *E. coli* O157:H7, *Legionella* spp. e *H. pylori* não foram detectadas nos locais no. 1, 2 e 3 durante o período de cinco meses.

A E. coli O157:H7 foi detectada em 35 das 50 amostras de água do rio Nilo, tendo sido detectado pelo menos um ou mais genes de virulência por PCR multiplex (Quadro III-9 e Figura III-3).

A presença de *Legionella* spp. e *H. pylori* foi detectada por métodos de cultura utilizando meios selectivos (ágar BCYE suplementado com CCVC e ágar sangue Columbia, respetivamente). Os isolados suspeitos de *Legionella spp.* e *H. pylori* foram confirmados por testes bioquímicos. Os isolados de *Legionella spp.* e *H. pylori* não foram confirmados utilizando o sistema Biolog; os dados das impressões digitais de ambos os organismos não são introduzidos no software original.

Tabela III-8. Valores médios de TVBC a 37° C e 22° C, TC, FC, FS na água do Rio Nilo, Ramo Rossita durante cinco meses (de março a julho de 2011)

Locais de amostragem	CBT (UFC/ml)		MPN- Índice /100ml		
	37 C°	22 C°	TC	FC	FS
1	2.3×10^2	2.3×10^2	1.7×10^2	7.8×10	8.6×10
2	1.5×10^2	3.4×10^2	1.9×10^2	1.0×10^2	6.8×10
3	1.1×10^2	3.4×10^2	1.9×10^2	9.4×10	7.4×10
4	2.3×10^5	3.2×10^5	2.7×10^5	1.0×10^5	2.4×10^5
5	1.0×10^5	2.6×10^5	9.5×10^4	9.4×10^4	9.7×10^4
6	1.5×10^5	1.6×10^5	9.6×10^4	4.9×10^4	1.9×10^4
7	1.8×10^5	2.1×10^5	3.6×10^4	1.6×10^4	2.0×10^4
8	1.5×10^5	1.6×10^5	3.1×10^4	1.9×10^4	1.0×10^4
9	9.0×10^4	1.2×10^5	4.7×10^4	4.2×10^4	7.0×10^3
10	1.5×10^5	1.4×10^5	5.1×10^3	4.8×10^3	4.8×10^3
Min.	1.1×10^2	2.3×10^2	1.7×10^2	7.8×10	6.8×10

Máximo.	2.3×10^5	3.2×10^5	2.7×10^5	1.0×10^5	2.4×10^5
Média	1.0×10^5	1.4×10^5	5.8×10^4	3.3×10^4	4.0×10^4

TC: Coliforme total, **FC:** Coliforme fecal, **FS:** Estreptococos fecais

Tabela III-9. Contagens médias de *E. coli* O157:H7, *Legionella* spp. e *H. Pylori* na água do rio Nilo, no Ramal da Rossita, durante cinco meses (de março a julho de 2011)

Locais de amostragem	*E. coli* O157:H7		*Legionella* spp. (CFU/100ml)	*H. pylori* (CFU/100ml)
	PCR	UFC/100ml		
1	-	ND	ND	ND
2	+	ND	ND	ND
3	-	ND	ND	ND
4	+	1.9×10^3	3.0×10^3	2.4×10^3
5	+	2.1×10^2	4.6×10	5.8×10
6	+	3.0×10^2	6.0×10	7.3×10
7	+	1.3×10^2	5.8×10	6.1×10
8	+	2.0×10^2	3.4×10	6.1×10
9	+	1.7×10^2	3.0×10	5.5×10
10	+	1.6×10^2	2.5×10	4.5×10
Min.		1.3×10^2	2.5×10	4.5×10
Máximo.		1.9×10^3	3.0×10^3	2.4×10^3
Média		3.1×10^2	3.3×10^2	2.7×10^2

ND: Não detectado

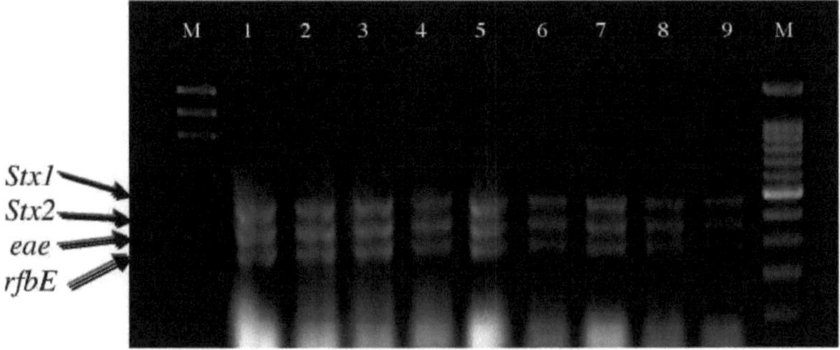

Figura III-3. PCR multiplex de *E. coli* O157:H7, pista M:

ΦX174 DNA-HaeIII Digest ladder, Lane 1- 9: amostras de água do Nilo

Lane M: 100 bp DNA Ladder RTU.

3.2.4. El- Rahawy Água de drenagem

Foram recolhidas vinte amostras de água em quatro locais de amostragem ao longo do El-Rahawy Drain (uma amostra por mês para cada local); início da aldeia de El-Rahawy (local n.º 1), após 1 Km (local n.º 2), após 2 Km (local n.º 3), após 3 Km (local n.º 4), de março a julho de 2011.

As contagens médias de TVBC a 37 e 22° C foram de $9,5 \times 10^5$, $1,6 \times 10^6$ CFU/ml, respetivamente. As densidades médias de CT, FC e FS foram de $2,2 \times 10^5$, $1,2 \times 10^5$ e $3,1 \times 10^5$ MPN- Index /100ml, respetivamente. Os valores médios mínimos de CT, FC e FS foram 3.3×10^5, 5.1×10^4 e 1.9×10^5 MPN-Index/100ml nos locais no. 3, 1 e 2, respetivamente.

Os valores médios máximos de TVBC foram $1,0 \times 10^6$ CFU/ml a 37° C (local n.º 3) e $1,6 \times 10^6$ CFU/ml a 22° C (local n.º 4). Os valores médios máximos de TC, FC e FS foram $4,5 \times 10^5$, $3,2 \times 10^5$ e $4,8 \times 10^5$ MPN- Index/100ml, respetivamente, nos locais no. 2 e 3 (Tabela III-10).

No caso das bactérias patogénicas examinadas, as contagens médias de *E. coli* O157:H7, *Legionella* spp. e *H. Pylori* foram de $2,5 \times 10^3$, $2,5 \times 10^3$ e $3,1 \times 10^3$ CFU/100ml, respetivamente, utilizando o método de cultura. As contagens médias mínimas de *E. coli* O157:H7 foram de $1,5 \times 10^3$ CFU/100ml nos locais no. 3, enquanto que *Legionella* spp. e *H. pylori* foram $2,2 \times 10^3$ e $1,6 \times 10^3$ CFU/100ml no mesmo local (local n.º 4), respetivamente. Os valores médios máximos de *E. coli* O157:H7, *Legionella* spp. e *H. pylori* foram de $3,4 \times 10^3$, $3,0 \times 10^3$ e $4,0 \times 10^3$ CFU/100ml, respetivamente, no local n.º 1. 1. *A E. coli* O157:H7 foi detectada em 20 de 20 (100%) das amostras de água testadas, recolhidas do esgoto de El- Rahawy. Pelo menos dois ou mais genes de virulência foram detectados por PCR multiplex (Tabela III-11 e Figura III-4).

Tabela III-10. Valores médios de TVBC a 37 e 22° C, TC, FC, FS em amostras de água da Drenagem de El-Rahawy durante cinco meses (de março a julho de 2011)

Locais de amostragem	TVBC (CFU/ml)		MPN- Índice /100ml		
	37 C°	22 C°	TC	FC	FS
1	9.8×10^5	1.6×10^6	5.5×10^4	5.1×10^4	2.8×10^5
2	8.4×10^5	1.5×10^6	4.5×10^5	3.2×10^5	1.9×10^5
3	1.0×10^6	1.4×10^6	3.3×10^5	7.3×10^4	4.8×10^5
4	9.8×10^5	1.6×10^6	5.5×10^4	5.1×10^4	2.8×10^5

Min.	8.4x105	1.4x10^6	3.3x105	5.1x10^4	1.9x105
Máximo.	1.0x10^6	1.6x10^6	4.5x105	3.2x105	4.8x105
Média	9.5x105	1.5x10^6	2.2x105	1.2x105	3.1x105

TC: coliforme total, **FC:** coliforme fecal, **FS:** estreptococos fecais

Tabela III-11. Contagens médias de *E. coli* O157:H7, *Legionella* spp. e *H. Pylori* em amostras de água da Drenagem de El-Rahawy durante cinco meses (de março a julho de 2011)

Locais de amostragem	*E. coli* O157:H7		*Legionella* spp. (CFU/100ml)	*H. pylori* (CFU/100ml)
	PCR	UFC/100 ml		
1	+	3.4x10^3	3.0x10^3	4.0x10^3
2	+	2.1x10^3	2.3x10^3	3.3x10^3
3	+	1.5x10^3	2.3x10^3	3.4x10^3
4	+	2.8x10^3	2.2x10^3	1.6x10^3
Min.		1.5x10^3	2.2x10^3	1.6x10^3
Máximo.		3.4x10^3	3.0x10^3	4.0x10^3
Média		2.5x10^3	2.5x10^3	3.1x10^3

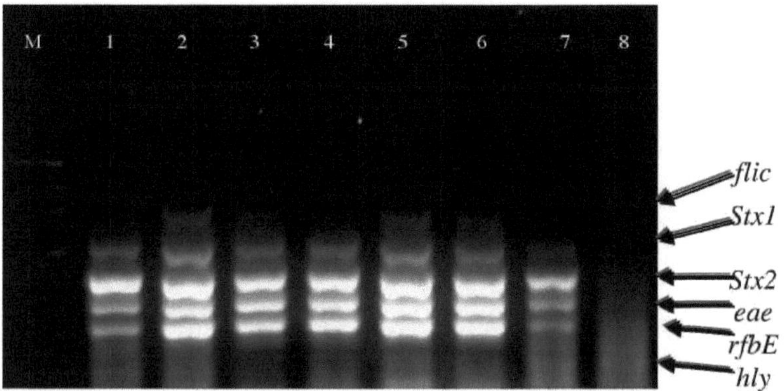

Figura III-4. PCR multiplex de *E. coli* O157:H7 Pista M: escada de digestão HaeIII de ADN ΦX174, pistas 1 a 7: amostras de água do esgoto de El-Rahawy Pista 8: controlo negativo.

3.2.5. Águas residuais hospitalares

Os indicadores bacterianos (TVBC, TC, FC, FS e algumas bactérias patogénicas) foram determinados em 10 amostras separadas de águas residuais dos hospitais El-Kasr El- Aini antes da mistura com o sistema de esgotos (em setembro de 2010 e junho de 2011).

Os valores médios de TVBC a 37 e 22° C foram $6,4 \times 10^4$ e $5,9 \times 10^4$ CFU/ml, respetivamente, enquanto os valores médios de TC, FC e FS foram $1,5 \times 10^4$, $8,6 \times 10^3$ e $6,2 \times 10^2$ MPN- Index/100ml, respetivamente. Os valores mínimos de TVBC a 37 e 22° C foram $4,0 \times 10^3$ e $1,6 \times 10^3$ CFU/ml, respetivamente, enquanto os valores mínimos de TC, FC e FS foram $1,5 \times 10^3$, $1,4 \times 10^2$ e $3,0 \times 10$ MPN- Index/100ml, respetivamente (Tabela III-12). Por outro lado, os valores médios máximos de TVBC foram $2,0 \times 10^5$ CFU/ml a 37° C e $3,0 \times 10^5$ CFU/ml a 22° C. Enquanto que os valores médios máximos de TC, FC e FS foram $4,8 \times 10^4$, $4,8 \times 10^4$ e $2,1 \times 10^3$ MPN-Index/100ml, respetivamente (Tabela III-12).

Relativamente ao resultado das bactérias patogénicas, tanto a *E. coli* O157:H7 como a *H. pylori* foram detectadas em 5 (50%) e 4 (40%) das 10 amostras, respetivamente. Enquanto *a Legionella* spp. foi detectada em todas as amostras.

As contagens médias determinadas pelo método de cultura para *E. coli* O157:H7, *Legionella* spp. e *H. pylori* foram de $3,6 \times 10^2$, $2,1 \times 10^3$ e $2,2 \times 10^3$ CFU/100ml, respetivamente. As contagens médias mínimas de *E. coli* O157:H7, *Legionella* spp. e *H. pylori foram de* $9,8 \times 10$, $2,0 \times 10^2$ e $2,1 \times 10^2$ CFU/100ml, respetivamente. Os valores médios máximos de *E. coli* O157:H7, *Legionella* spp. e *H. pylori* foram $1,7 \times 10^3$, $9,0 \times 10^3$ e $9,0 \times 10^3$ CFU/100ml, respetivamente (Quadro III-13).

A E. coli O157:H7 foi detectada em 5 de 10 (50%) amostras de águas residuais hospitalares, tendo sido amplificados três genes de virulência (*stx2, eae e rfbE*) por PCR (Quadro III-13 e Figura III-5).

Tabela III-12. TVBC a 37° C e 22° C, TC, FC e FS em amostras de águas residuais hospitalares em setembro de 2010 e junho de 2011

Locais não.	CBT (UFC/ml)		MPN- Índice /100ml		
	37 C°	22 C°	TC	FC	FS
1	1.0×10^4	1.8×10^4	2.8×10^4	1.5×10^4	1.1×10^3
2	8.0×10^3	9.0×10^3	4.8×10^4	4.8×10^4	2.1×10^3
3	2.0×10^5	3.0×10^5	4.8×10^4	9.3×10^3	1.5×10^3
4	9.0×10^4	1.0×10^5	4.8×10^3	2.1×10^3	1.1×10^3
5	1.0×10^4	1.9×10^4	1.5×10^3	1.1×10^3	1.1×10^2
6	4.0×10^3	6.4×10^3	3.9×10^3	1.4×10^2	3.0×10
7	6.0×10^3	7.1×10^3	2.8×10^3	1.5×10^2	7.0×10

8	8.8×10^4	5.5×10^4	7.5×10^3	2.8×10^3	4.0×10
9	2.5×10^4	8.2×10^4	6.4×10^3	1.5×10^3	9.0×10
10	2.0×10^5	1.6×10^3	7.5×10^3	6.4×10^3	1.4×10^2
Min.	4.0×10^3	1.6×10^3	1.5×10^3	1.4×10^2	3.0×10
Máximo.	2.0×10^5	3.0×10^5	4.8×10^4	4.8×10^4	2.1×10^3
Média	6.4×10^4	5.9×10^4	1.5×10^4	8.6×10^3	6.2×10^2

TC: coliforme total, **FC:** coliforme fecal, **FS:** estreptococos fecais

Tabela III-13. Deteção de *E. coli* O157:H7, *Legionella* spp. e *H. Pylori* em amostras de águas residuais hospitalares durante setembro de 2010 e junho de 2011

Locais de amostragem	*E. coli* O157:H7		*Legionella* spp. (CFU/100ml)	*H. pylori* (CFU/100ml)
	PCR	UFC/100ml		
1	+	1.7×10^3	9.0×10^3	1.2×10^3
2	+	1.8×10^2	6.0×10^2	8.0×10^2
3	+	4.8×10^2	5.2×10^2	9.0×10^3
4	+	9.8×10	2.8×10^2	5.0×10^3
5	+	1.5×10^2	8.0×10^3	6.0×10^3
6	-	ND	6.1×10^2	ND
7	-	ND	2.0×10^2	ND
8	-	ND	8.2×10^2	ND
9	-	ND	4.0×10^2	ND
10	-	ND	9.8×10^2	2.1×10^2
Min.		9.8×10	2.0×10^2	2.1×10^2
Máximo.		1.7×10^3	9.0×10^3	9.0×10^3
Média		3.6×10^2	2.1×10^3	2.2×10^3

ND: Não detectado

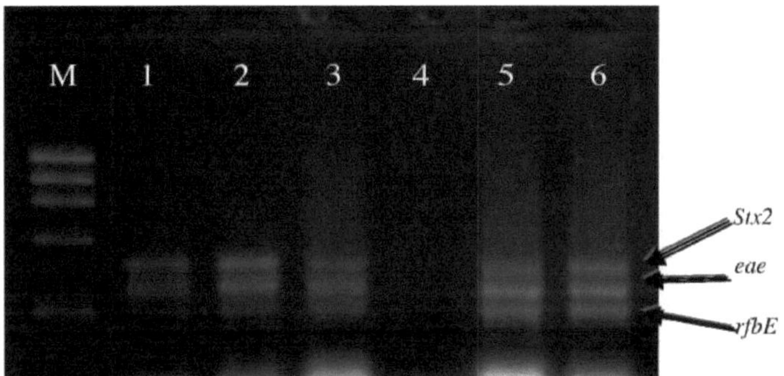

Figura III-5. Multiplex PCR de *E. coli* O157:H7 Faixa M: ΦX 174 DNA-HaeIII Digest ladder, Faixa 1-3: amostras de águas residuais hospitalares Faixa 4: controlo negativo Faixas 5-6: amostras de águas residuais hospitalares.

3.3. Relação entre indicadores bacterianos e bactérias patogénicas em diferentes amostras de água

3.3.1. Prevalência de indicadores bacterianos e *E. coli* O157:H7, *Legionella* spp. e *H. pylori* em amostras de água

Comparar os resultados obtidos a partir de diferentes amostras de água recolhidas ao longo do estudo e pesquisar a prevalência das bactérias patogénicas seleccionadas. As Tabelas (III-14, III-15) mostram a gama e a média das contagens dos indicadores bacterianos; TVBC a 37 e 22° C, TC, FC e FS. Além disso, foram determinadas a gama e as contagens médias dos agentes patogénicos seleccionados; *E. coli* O157:H7, *Legionella* spp. e *H. pylori* utilizando ágar HiCrome seletivo EC O157, ágar BCYE e ágar sangue Columbia, respetivamente. As contagens variaram consoante a fonte de água, tendo sido encontradas as contagens mais elevadas nas amostras de água de El-Rahawy Drain para os indicadores bacterianos e *E. coli* O157:H7, *Legionella spp.* e *H. pylori*, seguidas das amostras de água do rio Nilo e depois das águas residuais hospitalares.

Nas amostras de água do rio Nilo, o TVBC a 37 e 22° C variou entre 30 e $8,4x10^5$ CFU/ml e 70 e $9,6x10^5$ CFU/ml, respetivamente. O CT, FC e FS variaram entre 30- $4,6x10^5$, 30- $4,6x10^5$ e 30- $1,1x10^6$ MPN-Index/100ml, respetivamente. Por outro lado, *E. coli* O157:H7, *Legionella* spp. e *H. pylori* flutuaram entre 4 e $7,3x10^3$, 11 e $9,3x10^3$ e 16 e $5,7x10^3$ CFU/100ml, respetivamente (Tabelas III-14 e III-15).

Nas amostras de água de El-Rahawy Drain, as contagens médias de TVBC a 37 e 22° C foram de $8,5x10^5$ e $1,6x10^6$ CFU/ml, respetivamente. O TVBC a 37° C variou entre $1,1x10^4$ e $4,4x10^6$ CFU/ml, enquanto a 22° C as contagens variaram entre $1,2x10^4$ e $8,0x10^6$ CFU/ml. Por outro lado, as médias de TC, FC e FS foram $3,0x10^5$, $1,8x10^5$ e $3,3x10^5$ MPN-Index/100ml enquanto que *E. coli* O157:H7, *Legionella* spp. e *H. pylori* foram $2,5x10^3$, $2,5x10^3$ e $3,1x10^3$ CFU/100ml, respetivamente (Tabela III-14 e Tabela III-15).

Nas amostras de águas residuais hospitalares, as contagens médias de CBT a 37 e 22° C foram de $6,4x10^4$ e $5,9x10^4$ CFU/ml, respetivamente. O TVBC a 37° C variou entre $4,0x10^3$ e $2,0x10^5$ CFU/ml e a 22° C variou entre $1,6x10^3$ - $3,0x10^5$ CFU/ml. Por outro lado, as densidades médias de TC, FC e FS foram $1,5x10^4$, $8,6x10^3$ e $6,2x10^2$ MPN-Index/100ml, respetivamente. As contagens médias de *E. coli* O157:H7, *Legionella* spp. e *H. pylori* foram $2,6x10^2$, $2,1x10^3$ e $2,2x10^2$ CFU/100ml, respetivamente (Tabela III-14 e Tabela III-15).

TC e FC foram detectados em águas subterrâneas não tratadas, mas FS e *E. coli* O157:H7, *Legionella* spp. e *H. pylori* não foram detectados. Enquanto as águas subterrâneas e a água do mar tratadas mostraram ausência dos organismos acima mencionados (Quadros III-14 a III-17).

A E. coli O157:H7 foi detectada em 57 das 175 amostras de água examinadas (32%) utilizando o meio HiCrome EC O157, ao passo que a PCR multiplex indicou que 60 das 175 amostras de água examinadas (34%) eram positivas para pelo menos um dos seis genes de virulência visados (quadros III-15 e III-17), o que indica uma maior sensibilidade do método PCR em relação à cultura. *Legionella* spp. e *H. pylori* foram detectadas em 44 e 59 das 175 amostras de água examinadas (25% e 33%) utilizando métodos de cultura, respetivamente (quadro III-17).

Nas cinquenta amostras de água do rio Nilo, a prevalência de CT, FC, FS e *E. coli* O157:H7, *Legionella* spp. e *H. pylori* foi de 50 (100%), 45 (90%), 46 (92%), 32 (64%), 18 (36%) e 33 (66%), respetivamente. A *E. coli* O157 foi positiva em 35 de 50 (70%) por PCR multiplex e a presença de seis genes de virulência (*flic, stx1, stx2, eae, rfbE* e *hly*) foi de 0 (0%), 10 (20%), 25 (50%), 23 (46%), 15 (30%) e 0 (0%) de 35 amostras positivas, (com tamanho de fragmento de 949, 655, 477, 375, 296 e 199 pb), respetivamente (quadro III-17).

No caso de 20 amostras de água de El- Rahawy Drain, a prevalência de TC, FC, FS, *E. coli* O157:H7 e *H. pylori foi de* 20 em 20 (100%), enquanto a prevalência de *Legionella* spp. foi de 16 em 20 (80%). A *E. coli* O157:H7 foi detectada em 20 de 20 amostras de água por PCR multiplex com uma percentagem de prevalência de 100%, e a presença de seis genes de virulência (*flic, stx1, stx2, eae, rfbE* e *hly*) foi de 1 (5%), 8 (40%), 17 (85%), 19 (95%), 15 (75%) e 1 (5%), respetivamente (Quadro III-17).

Em 10 amostras de águas residuais hospitalares, TC, FC e FS foram detectados em 10 de 10 (100%) amostras de águas residuais, e *E. coli* O157:H7 foi positiva em 5 de 10 (50%) utilizando tanto o método de cultura como a PCR multiplex com apenas três genes de virulência detectados (*stx2, eae* e *rfbE*). *Legionella* spp. e *H. pylori* estavam presentes em 10 (100%) e 6 (60%) das 10 amostras de águas residuais hospitalares, respetivamente (Quadro III-16 e Quadro III-17).

A E. coli O157:H7 não foi detectada em água subterrânea e água do mar não tratadas e tratadas, nem por métodos de cultura nem por métodos de PCR (quadros III-15 e III-17).

De um modo geral, as ocorrências de CT, FC e FS em todas as amostras de água recolhidas foram 83, 76 e 76, com uma incidência de 47%, 43% e 43% em 175 amostras de água, respetivamente. *A E. coli* O157 foi detectada em 57 (32%) e 60 (34%) por métodos culturais e PCR multiplex, respetivamente. A partir dos resultados da PCR multiplex, as caracterizações de seis genes de virulência (*flic, stx1, stx2, eae, rfbE* e *hly*) foram: 1 (0,5%), 18 (10%), 47 (26%), 47 (26%), 32 (18%) e 1 (0,5%) em 175 amostras de água, respetivamente. O gene de virulência mais dominante nas diferentes amostras de água foi o gene da toxina Shiga 2 (*stx2*) e o gene da intimina (*eae*), seguido do gene do antigénio O157 (*rfbE*), seguido do gene da toxina Shiga 1 (*stx1*), do gene do antigénio flagelar (*flic*) e do gene da hemolisina (*hly*) (quadros III-16 e III-17).

A ocorrência de *Legionella* spp. e *H. pylori* em todas as amostras de água recolhidas foi de 44 (25%) e 59 (33%) em 175 amostras de água utilizando ágar BCYE e ágar sangue Columbia, respetivamente (Quadro III-17).

Tabela III-14. Valores médios e de gama dos indicadores bacterianos de diferentes amostras de água

Fonte de água	N.º de amostras		CBT (CFU/ml)		MPN-index/100ml		
			37 C^0	22 C^0	TC	FC	FS
Rio Nilo	50	Gama	3.0x10-8.4x10^5	7,0x10-9,6x10^5	3,0x10-4,6x10^5	3,0x10-4,6x10^5	3.0x10-1.Ix1O^6
		Média	1.7x10^5	1.4x10^5	5.8x10^4	3.3x10^3	4.0x10^4
Dreno de El-Rahway	20	Gama	1,1x10^4-4,4x10^6	1,2x10^4-8,0x10^6	3.0x10^3-1.Ix1O^6	3.0x10^3-1.Ix1O^6	7,0x10^3-1,5x10^6
		Média	8.5x10^5	1.6x10^6	3.0x10^5	1.8x10^5	3.3x10^5
Águas residuais hospitalares	10	Gama	4,0x10^3-2,0x10^5	1.6x10^3-3.Ox1O^5	1,5x10^3-4,8x10^4	1,4x10^2-4,8x10^4	30-2.Ix1O^3
		Média	6.4x10^4	5.9x10^4	1.5x10^4	8.6x10^3	6.2x10^2

Águas subterrâneas não tratadas	40	Gama	1.0-1.IxlO^3	2.0-1.2xl0^3	1.0-3.0	1.0	ND
		Média	152	180	0.125	0.025	
Águas subterrâneas tratadas	40	Gama	1.0- 22	2.0- 28	ND	ND	ND
		Média	7.0	10			
Água do mar	15	Gama	1.0xl0^2 5.2xl0^3	-1.Oxl0^2 5.6xl0^3	-ND	ND	ND
		Média	9.2x10^2	1.4xl0^3			

ND: Não detectado.

Tabela III-15. Valores médios e de intervalo de *E. coli* 0157, *Legionella* spp. e *H. pylori* de diferentes amostras de água

Fontes de água	N.º de amostras		UFC/100ml		
			E. coli **O157zH7**	*Legionella* **spp.**	*H. pylori*
Rio Nilo	50	Gama	4.0- 7.3xl0^3	ll-9.3xlθ^3	16- 5.7xl0^3
		Média	3.IxlO^2	3.3xl0^2	2.7x10^2
Dreno El-Rahawy	20	Gama	1,4x10- 9,6xl0^3	2,7x10- 8,3xl0^3	4,7x10^2 - 9,9x10^3
		Média	2,5xl0^3	2,5xl0^3	3. IxlO^3
Águas residuais hospitalares	10	Gama	98- 1.7xl0^3	2.0x102- 9.0xl0^3	2,1x10^2 - 9,0x10^3
		Média	2.6x10^2	2. IxlO^3	2.2x10^2
Águas subterrâneas não tratadas	40	Gama	ND	ND	ND
		Média			
Águas subterrâneas tratadas	40	Gama	ND	ND	ND
		Média			
Água do mar	15	Gama	ND	ND	ND
		Média			

ND: Não detectado.

Tabela III-16. Número e percentagem de amostras positivas para CT, FC e FS em diferentes tipos de água

Tipos de água	**N.º de**	**TC**	**FC**	**FS**

	amostras			
Rio Nilo	50	50 (100%)	45 (90%)	46 (92%)
Dreno El-Rahawy	20	20 (100%)	20 (100%)	20 (100%)
Águas residuais hospitalares	10	10 (100%)	10 (100%)	10 (100%)
Águas subterrâneas não tratadas	40	3 (7.5%)	1 (2.5%)	0 (0%)
Águas subterrâneas tratadas	40	0 (0%)	0 (0%)	0 (0%)
Água do mar	15	0 (0%)	0 (0%)	0 (0%)
Total de amostras	175	83 (47%)	76 (43%)	76 (43%)

Quadro III-17. Número e percentagem de *E. coli* O157:H7 positivos por método de cultura e PCR multiplex e
Legionella spp. e *H. pylori* por métodos de cultura a partir de diferentes amostras de água

Fonte de água	N.º de amostras	Métodos de cultura (CFUZlOOml)		*E. coli* O157:H7							
				Por cultura	Mu			tiplex PCR			
		Legionella spp.	*H. pylori*		PCR	*fliC*	*stxl*	*Stx2*	*eae*	rfZ Æ	*O meu*
Rio Nilo	50	18 (36%)	33 (66%)	32 (64%)	35 (70%)	0 (0%)	10 (20%)	25 (50%)	23 (46%)	15 (30%)	0 (0%)
Dreno El-Rahawy	20	16 (80%)	20 (100%)	20 (100%)	20 (100%)	1 (5%)	8 (40%)	17 (85%)	19 (95%)	15 (75%)	1 (5%)
Águas residuais hospitalares	10	10 (100%)	6 (60)	5 (50%)	5 (50%)	0 (0%)	0 (0%)	5 (50%)	5 (50%)	5 (50%)	0 (0%)
Águas subterrâneas não tratadas	40	0 (0%)	0 (0%)	0 (0%)	0 (0%)	0 (0%)	0 (0%)	0 (0%)	0 (0%)	0 (0%)	0 (0%)

Águas subterrâneas tratadas	40	0 (0%)	0 (0%)	0 (0%)	0 (0%)	0 (0%)	0 (0%)	0 (0%)	0 (0%)	0 (0%)	0 (0%)
Água do mar	15	0 (0%)	0 (0%)	0 (0%)	0 (0%)	0 (0%)	0 (0%)	0 (0%)	0 (0%)	0 (0%)	0 (0%)
Total de amostras	175	44 (25%)	59 (33%)	57 (32%)	60 (34%)	1 (0.5%)	18 (10%)	47 (26%)	47 (26%)	32 (18%)	1 (0.5%)

A percentagem foi calculada de acordo com cada tipo de amostras de água examinadas

3.3.2. Análise estatística

A fim de estudar as relações entre as bactérias patogénicas seleccionadas e os indicadores bacterianos em diferentes fontes de água e também entre as bactérias patogénicas entre si, foi efectuada uma correlação linear (correlação de Pearson) utilizando o SPSS (Quadros III-18, III-19 e III-20).

A Tabela III-18 mostra a correlação (r) entre *E. coli* O157:H7, *Legionella* spp. e *H. pylori* com TVBC a 37 e 22º C, TC, FC e FS em 50 amostras de água do Rio Nilo (Ramal da Rossita).

E. coli O157:H7 registou correlações positivas sem significado com o CBT a 37 e 22º C, FC, FS e *Legionella* spp. (r= 0,241, 0,235, 0,189, 0,182 e 0,138, respetivamente). Mostrou uma correlação positiva com significado com a CT (r= 0,359 e *p=0,010*), e uma correlação positiva com elevado significado com *H. pylori* (r= 0,831 e *p=0,000*).

Legionella spp. registou uma correlação positiva com elevada significância com TC, FC, FS e *H. pylori* (r=0,484, 0,530, 0,766 e 0,388, respetivamente). Além disso, registou uma correlação positiva e significativa com o CBT a 37 e 22º C (r=0,303 e 0,285), respetivamente (Quadro III-18).

H. pylori mostrou uma correlação positiva com elevada significância com *E. coli* O157:H7 e *Legionella* spp. (*p*= 0,000 e 0,005). Registou uma correlação positiva sem significado com o CBTV a 37 e 22º C, FC e FS. Também registou uma correlação positiva com significado com o CT (r=0,308 e *p=0,029*) (Quadro III-18).

A Tabela III-19 mostra a correlação (r) entre bactérias patogénicas seleccionadas e indicadores bacterianos em 20 amostras de água da Drenagem de El-Rahawy. *A E. coli* O157:H7 registou uma correlação negativa sem significância com o CBT a 37º C, FC, FS e *Legionella* spp. (r= - 0,135, - 0,295, - 0,153, - 0,101 e - 0,404, respetivamente), registou uma correlação positiva sem significância com o CBT a 22º C e *H. pylori* (r=

0,245 e 0,321, respetivamente) (Quadro III-19).

Legionella spp. registou correlações positivas com elevada significância com TC e FS (r= 0,794 e 0,615, respetivamente). Correlação positiva fraca sem significância com o CBT a 37º C e *H. pylori* (r= 0,005 e 0,008, respetivamente) e correlação negativa sem significância com o CBT a 22º C e *E. coli* O157:H7 (Quadro III-19).

I.   pylori apresentou uma correlação positiva sem significância com CT, FC, FS, *E. coli* O157:H7 e *Legionella* spp. registou uma correlação negativa sem significância com o CBVT tanto a 37 como a 22º C (r= - 0,060 e - 0,153, respetivamente) (Quadro III-19).

A Tabela (III-20) mostrou que houve uma correlação positiva sem significância entre a *E. coli* O157:H7 com o TVBC a 22º C, TC, FC, FS e *H. pylori* em amostras de águas residuais hospitalares. Além disso, *a E. coli* O157:H7 registou uma correlação negativa sem significado com o CBT a 37º C (r= -0,099), registou uma correlação positiva com significado com a *Legionella* spp. (r= 0,707 e p= 0,022).

Legionella spp. registou uma correlação negativa sem significado com o CBT a 37 e 22º C, CT e FS (r= - 0,320, - 0,250, - 0,002, e - 0,003, respetivamente). Registou uma correlação positiva sem significado com a CF (r= 0,005 e *p=0,989*) e *H. pylori* (r= 0,183 e *p=0,613*), respetivamente (Quadro III-20).

A H. pylori apresentou uma correlação positiva com significado com o CBT a 22º C (r= 0,756 e *p=0,011*), e registou uma correlação positiva sem significado com o CBT a 37º C, TC, FS, *E. coli* O157:H7 e *Legionella* spp. enquanto registou uma correlação negativa sem significado com a FC (r= - 0,079) (Quadro III-20).

De um modo geral, no caso das amostras de água do rio Nilo, verificaram-se correlações positivas sem significância entre a presença de *E. coli* O157:H7 e a maioria dos indicadores bacterianos, exceto a CT, que registou uma correlação positiva com significância. *A Legionella* spp. registou uma correlação positiva com elevada significância com a CT, FC e FS e significância com o CBT a 37 e 22º C. *A H. pylori apresentou uma* correlação positiva sem significado com os indicadores bacterianos, exceto a CT, que apresentou uma correlação positiva com significado.

No caso das amostras de água do sistema de drenagem de El- Rahawy, *a E. coli* O157:H7 registou uma correlação negativa sem significância com o CBT a 37º C TC, FC, FS e *Legionella* spp. registou também uma correlação positiva sem significância com o CBT a 22º C e *H. pylori. A Legionella spp. apresentou uma correlação* positiva com elevada significância com a CT e a FC. Registou uma correlação positiva com significância com a FS e sem significância com o TVBC a 37º C e uma correlação negativa sem significância com o TVBC a 22º C. *H. pylori registou uma correlação positiva* sem significado com CT, FC, FC, *E. coli* O157:H7. *A Legionella* spp. registou uma correlação negativa sem significado com o TVBC tanto a 37 como a 22º C.

No caso das amostras de águas residuais hospitalares, verificou-se uma correlação negativa sem significado entre *E. coli* O157:H7 e o CBT a 37º C, e correlações positivas sem significado com o CBT a 22º C, TC, FC e FS. *Legionella* spp. apresentou correlações negativas sem significância com o CBT a 37 e 22º C, CT e FS e correlação positiva sem significância com FC. *A H. pylori* registou uma correlação positiva sem significância com o CBT a 37º C, a CT e a FS, significância com o CBT a 22º C, correlação negativa sem significância com a CF.

Tabela III-18. Correlação linear entre bactérias patogénicas e indicadores bacterianos em amostras de água do rio Nilo

Indicadores bacterianos e outros agentes patogénicos	*E. coli* O157zH7		*Legionella* spp.		*H. pylori*	
	r	*p*- Valor	r	Valor de p	r	Valor de p
TVBC a 37 Cº	0.241	0.092	0.303	**0.032***	0.233	0.103
TVBC a 22 Cº	0.235	0.101	0.285	**0.044***	0.099	0.495
Coliformes totais (CT)	**0.359**	**0.010***	0.484	**0.000****	0.308	**0.029***
Coliforme fecal (CF)	0.189	0.188	0.530	**0.000****	0.028	0.846
Estreptococos fecais (FS)	0.182	0.206	0.766	**0.000****	0.101	0.485
***E. coli* O157zH7**	-	-	0.138	0.340	0.831	**0.000****
***Legionella* spp.**	0.138	0.340	-	-	0.388	**0.005****
H. pylori	0.831*	0.000**	0.388	0.005* *	-	-

1 Estatisticamente significativo (P<0,05)

2* Estatisticamente muito significativo (P<0,005)

r: coeficiente de correlação (correlação de Pearson)

Tabela III-19. Correlação linear entre bactérias patogénicas e indicadores bacterianos em amostras de água do sistema de drenagem de El- Rahawy

Indicadores bacterianos e outros	*E. coli* O157:H7	*Legionella* spp.	*H. pylori*

agentes patogénicos	r	Valor de p	r	Valor de p	r	Valor de p
TVBC a 37 Cº	-0.135	0.571	0.005	0.984	-0.060	0.800
TVBC a 22 Cº	0.245	0.298	-0.165	0.486	-0.153	0.521
Coliforme total (CT)	-0.295	0.207	0.794	**0.000****	0.140	0.556
Coliforme fecal (CF)	-0.153	0.519	0.615	**0.004****	0.355	0.124
Estreptococos fecais (FS)	-0.101	0.671	0.537	0.015*	0.228	0.334
E. coli O157:H7	-	-	-0.404	0.077	0.321	0.168
Legionella spp.	-0.404	0.077	-	-	0.008	0.975
H. pylori	0.321	0.168	0.008	0.975	-	-

*Estatisticamente significativo (P<0,05)

** Estatisticamente muito significativo (P<0,005)

r: coeficiente de correlação (correlação de Pearson)

Tabela Ш-20. Correlação linear entre *E. coli* O157:H7, *Legionella* spp. e *H. pylori* e indicadores bacterianos em amostras de águas residuais hospitalares

Indicadores bacterianos e outros agentes patogénicos	*E. coli* O157:H7		*Legionella* spp.		*H. pylori*	
	r	Valor de p	r	Valor de p	r	Valor de p
TVBC a 37 Cº	-0.099	0.787	- 0.320	0.368	0.412	0.237
TVBC a 22 Cº	0.076	0.835	- 0.250	0.485	0.756	**0.011***
Coliforme total (CT)	0.440	0.203	- 0.002	0.996	0.345	0.328
Coliforme fecal (CF)	0.236	0.511	0.005	0.989	- 0.079	0.829
Estreptococos fecais (FS)	0.404	0.247	- 0.003	0.992	0.394	0.259
E. coli O157:H7	-	-	0.707	**0.022***	0.136	0.707
Legionella spp.	0.707	**0.022***	-	-	0.183	0.613
H. pylori	0.136	0.707	0.183	0.613	-	-

1   Estatisticamente significativo (P<0,05)

2   * Estatisticamente muito significativo (P<0,005)

r: coeficiente de correlação (correlação de Pearson)

3.6. Identificação de isolados de *E. coli* O157:H7, *Legionella* e *H. pylori*

Em geral, 102 colónias suspeitas aleatórias de bactérias patogénicas foram isoladas de diferentes ambientes aquáticos. Quarenta e cinco isolados de *E. coli* O157:H7 foram isolados em meios selectivos HiCrome EC O157:H7, trinta isolados de *Legionella* spp. em meios de ágar BCYE e 27 isolados de *H. pylori* em meios de ágar sangue Columbia.

Os isolados de *E. coli* O157:H7 foram identificados por reacções bioquímicas, biolog™ e PCR multiplex. *Legionella* spp. e *H. pylori* foram identificados apenas por reacções bioquímicas, não foram identificados por Biolog™, isto porque o sistema Biolog não foi alimentado com os dados destes dois organismos.

1.1.1. Identificação de *E. coli* O157:H7

1.1.1.1. Por testes bioquímicos

Foram colhidos 45 isolados típicos de *E. coli* O157:H7 do ágar seletivo HiCrome EC O157:H7. Cada isolado foi semeado em ágar de soja tríptico (10% de glicerol), conservado a -20° C após incubação a 37° C durante 24 h. Foram efectuados os testes bioquímicos; fermentação de indol, oxidase e sorbitol, para além do teste de titulação de antigénio somático utilizando (Difco™ *E. coli* O Antiserum O157). Quarenta e dois isolados apresentam as seguintes características: indol positivo, oxidase negativa, não fermentação de sorbitol e apresentaram reação com *E. coli* O Antiserum O157.

Os isolados de *E. coli* O157:H7 (45) distribuíram-se pelas diferentes fontes de água da seguinte forma: 5/45 (11,1%), 17/45 (37,7%),

23/45 (31,1%) de amostras de águas residuais hospitalares, de El-Rahawy Drain e de água do rio Nilo, respetivamente.

1.1.1.2. Pelo sistema Biolog™ GN III

Quatro isolados de cada tipo de água (número total de 12 isolados) foram confirmados com Biolog.

A microplaca GEN III de Biolog contém 94 ensaios fenotípicos. Cada um deles; 71 ensaios de utilização de fontes de carbono contendo (A-1) um poço de controlo negativo sem fonte de carbono utilizado como referência para os ensaios metabólicos nas colunas (colunas 1-9), e 23 ensaios de sensibilidade química contendo um poço de controlo positivo (A-10) utilizado como referência para a sensibilidade química (colunas 10-12) (Figura III- 6).

Os resultados foram obtidos através da comparação dos resultados obtidos automaticamente do organismo testado com os dados das impressões digitais previamente introduzidos no software.

E. coli O157:H7 foram confirmados utilizando as seguintes fontes de carbono e substratos químicos; Dextrina, D-Maltose, D-Trealose, Sacarose, Estaquiose, crescimento a pH 6, crescimento a pH 5, D-Rafinose, α-D-Lactose, D-Melibiose, β-Metil-DGlucósido, N-Acetil-DGlucosamina, N-Acetil-β-DMannosamina, N-Acetil-D Galactosamina, N-Acetil Ácido Neuramínico, 1% NaCl, 4% NaCl, α-D-Glucose, DManose, D-Frutose, D-Galactose, L-Fucose, L-Ramnose, Inosina, Lactato de sódio a 1%, Ácido Fusídico, D-Manitol, Glicerol, D-Glucose-6-PO$_4$, D-Frutose-6-PO$_4$, Troleandomicina, Rifamicina SV, Glicil-L-Prolina, L-Alanina, Ácido L-Aspártico, Ácido L-glutâmico, L-Serina, Lincomicina, Guanidina HCl, Niaproof 4, Ácido D-Galacturónico, Lactona do Ácido L-Galactónico, Ácido D-Glucónico, Ácido D-Glucurónico, Glucuronamida, Ácido Múcico, Vancomicina, Violeta de Tetrazólio, Azul de Tetrazólio, Piruvato de Metilo, Ácido L-lático, ácido D-málico, ácido L-málico, ácido bromo-succínico, telureto de potássio, ácido α-hidroxibutírico, ácido α-ceto-butírico, ácido acetoacético, ácido propiónico, ácido acético, aztreonam, butirato de sódio, bromato de sódio (figuras III-7, III-8 e III-9).

Os três tipos de perfis mais comuns de isolados de *E. coli* O157:H7 estão representados nas figuras. Perfil (1) de crescimento de *E. coli* O157:H7 a 4% de NaCl (Figura III-7). Perfil (2) utilizado: estaquiose, α-D-lactose, lactona de ácido L-galactónico, violeta de tetrazólio, azul de tetrazólio (Figura III-8). Perfil (3) utilizado: crescimento a 4% de NaCl, violeta de tetrazólio, azul de tetrazólio, aztreonam e bromato de sódio (Figura III-9).

GEN III MicroPlate ™

1	2	3	4	5	6	7	8	9	10	11	12
A1 Negative Control	A2 Dextrin	A3 D-Maltose	A4 D-Trehalose	A5 D-Cellobiose	A6 Gentiobiose	A7 Sucrose	A8 D-Turanose	A9 Stachyose	A10 Positive Control	A11 pH 6	A12 pH 5
B1 D-Raffinose	B2 α-D-Lactose	B3 D-Melibiose	B4 β-Methyl-D-Glucoside	B5 D-Salicin	B6 N-Acetyl-D-Glucosamine	B7 N-Acetyl-β-D-Mannosamine	B8 N-Acetyl-D-Galactosamine	B9 N-Acetyl Neuraminic Acid	B10 1% NaCl	B11 4% NaCl	B12 8% NaCl
C1 α-D-Glucose	C2 D-Mannose	C3 D-Fructose	C4 D-Galactose	C5 3-Methyl Glucose	C6 D-Fucose	C7 L-Fucose	C8 L-Rhamnose	C9 Inosine	C10 1% Sodium Lactate	C11 Fusidic Acid	C12 D-Serine
D1 D-Sorbitol	D2 D-Mannitol	D3 D-Arabitol	D4 myo-Inositol	D5 Glycerol	D6 D-Glucose-6-PO4	D7 D-Fructose-6-PO4	D8 D-Aspartic Acid	D9 D-Serine	D10 Troleandomycin	D11 Rifamycin SV	D12 Minocycline
E1 Gelatin	E2 Glycyl-L-Proline	E3 L-Alanine	E4 L-Arginine	E5 L-Aspartic Acid	E6 L-Glutamic Acid	E7 L-Histidine	E8 L-Pyroglutamic Acid	E9 L-Serine	E10 Lincomycin	E11 Guanidine HCl	E12 Niaproof 4
F1 Pectin	F2 D-Galacturonic Acid	F3 L-Galactonic Acid Lactone	F4 D-Gluconic Acid	F5 D-Glucuronic Acid	F6 Glucuronamide	F7 Mucic Acid	F8 Quinic Acid	F9 D-Saccharic Acid	F10 Vancomycin	F11 Tetrazolium Violet	F12 Tetrazolium Blue
G1 p-Hydroxy-Phenylacetic Acid	G2 Methyl Pyruvate	G3 D-Lactic Acid Methyl Ester	G4 L-Lactic Acid	G5 Citric Acid	G6 α-Keto-Glutaric Acid	G7 D-Malic Acid	G8 L-Malic Acid	G9 Bromo-Succinic Acid	G10 Nalidixic Acid	G11 Lithium Chloride	G12 Potassium Tellurite
H1 Tween 40	H2 γ-Amino-Butyric Acid	H3 α-Hydroxy-Butyric Acid	H4 β-Hydroxy-D,L-Butyric Acid	H5 α-Keto-Butyric Acid	H6 Acetoacetic Acid	H7 Propionic Acid	H8 Acetic Acid	H9 Formic Acid	H10 Aztreonam	H11 Sodium Butyrate	H12 Sodium Bromate

Figura III- 6. Disposição dos ensaios na microplaca utilizada no BioLog

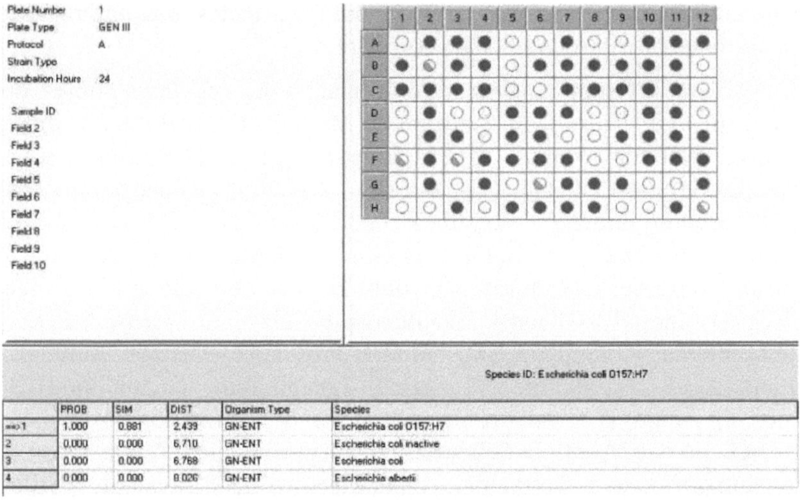

Plate Number   1
Plate Type   GEN III
Protocol   A
Strain Type
Incubation Hours   24

Sample ID
Field 2
Field 3
Field 4
Field 5
Field 6
Field 7
Field 8
Field 9
Field 10

Species ID: Escherichia coli O157:H7

	PROB	SIM	DIST	Organism Type	Species
==>1	1.000	0.881	2.439	GN-ENT	Escherichia coli O157:H7
2	0.000	0.000	6.710	GN-ENT	Escherichia coli inactive
3	0.000	0.000	6.768	GN-ENT	Escherichia coli
4	0.000	0.000	8.026	GN-ENT	Escherichia alberti

Figura III-7. Perfil Biolog GN III (1) de *E. coli* O157:H7 confirmada.

Plate Number   1
Plate Type   GEN III
Protocol   A
Strain Type
Incubation Hours   24

Sample ID
Field 2
Field 3
Field 4
Field 5
Field 6
Field 7
Field 8
Field 9
Field 10

Species ID: Escherichia coli O157:H7

	PROB	SIM	DIST	Organism Type	Species
==>1	1.000	0.803	3.424	GN-ENT	Escherichia coli O157:H7
	0.000	0.000	6.973	GN-ENT	Escherichia coli
	0.000	0.000	7.491	GN-ENT	Escherichia coli inactive
	0.000	0.000	8.419	GN-ENT	Escherichia alberti

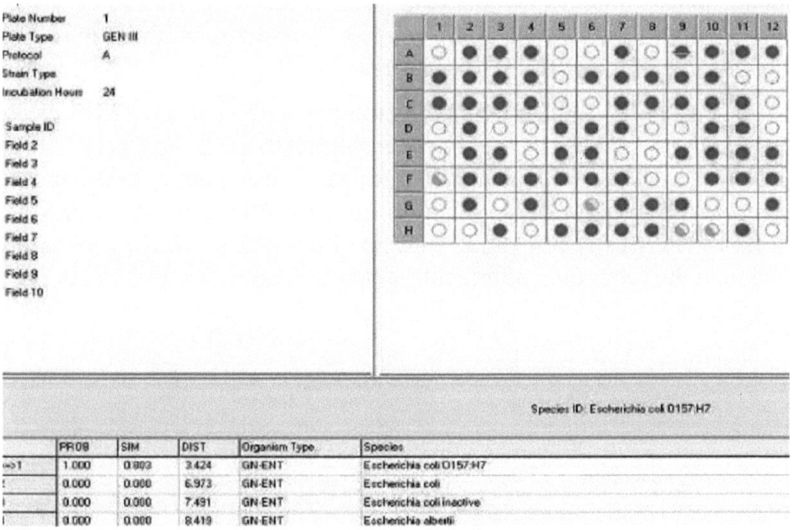

Figura III-8. Perfil Biolog GN III (2) de *E. coli* O157:H7 confirmada.

	PROB	SIM	DIST	Organism Type	Species
==>1	1.000	0.764	3.967	GN-ENT	Escherichia coli O157:H7
2	0.000	0.000	7.787	GN-ENT	Escherichia coli inactive
3	0.000	0.000	8.302	GN-ENT	Escherichia coli
4	0.000	0.000	9.173	GN-ENT	Escherichia albertii

Figura III-9. Perfil Biolog GN III (3) de *E. coli* O157:H7 confirmada.

1.1.1.3. Por PCR multiplex

Quarenta e quatro dos quarenta e cinco isolados foram confirmados como *E. coli* O157:H7. A caraterização de 44 isolados de *E. coli* O157:H7 por PCR multiplex foi: 30 (66%), 38 (84%), 44 (98%), 44 (98%), 44 (98%) e 0 (0%) positivos para seis genes de virulência (*flic, stx1, stx2, eae, rfbE* e *hly*), respetivamente (Quadro III-21 e Figura III-10).

Os genes de virulência mais prevalecentes nos isolados de *E. coli* O157:H7 foram o gene do antigénio O157 (*rfbE*), o gene da intimina (*eae*), o gene da toxina Shiga 2 (*stx2*), seguido do gene da toxina Shiga 1 (*stx1*) e do gene do antigénio flagelar (*flic*), enquanto o gene da hemolisina (*hly*) (0%) não foi detectado em nenhum dos isolados de *E. coli* O157:H7.

Tabela III-21. Número e percentagem de isolados de *E. coli* O157:H7 por PCR multiplex

Isolados	*E. coli* O157:H7						
	N.º total	PCR multiplex					
		fliC	*Stxl*	*Stx2*	*eae*	*rfbE*	*hly*
E. coli O157:H7	44 (98%)	30 (66%)	38 (84%)	44 (98%)	44 (98%)	44 (98%)	0 (0%)

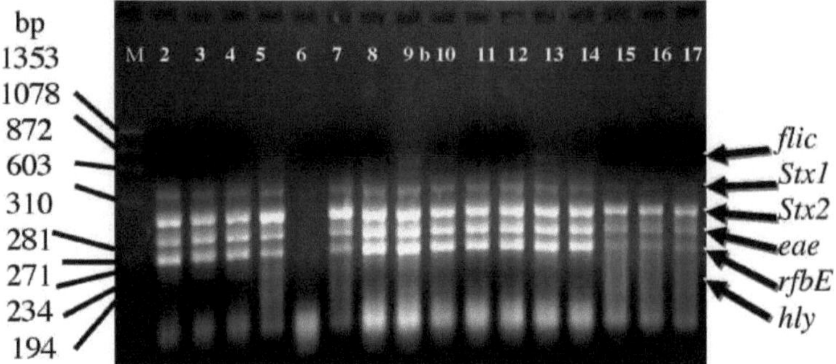

Figura III-10. *Multiplex PCR de isolados de E. coli O157:H7 de diferentes* amostras de água, Pista M: ΦX 174 DNA-HaeIII Digest ladder, Pista 2- 5: isolados de *E. coli* O157:H7 Pista 6: controlo negativo, Pista 7-17: Isolados de *E. coli* O157:H7.

1.1.2. Identificação de *Legionella* spp. por testes bioquímicos

As colónias branco-acinzentadas que cresceram em ágar BCYE foram colhidas e preservadas em caldo de infusão de cérebro e coração (BHI) (contendo 10% de glicerol).

As presumíveis colónias de *Legionella* foram inoculadas simultaneamente em ágar BCYE, BCYE sem L-cisteína e caldo de nutrientes. 17 das 30 (56,6%) colónias que cresceram apenas no ágar BCYE e não apresentaram crescimento no BCYE sem L-cisteína e no caldo de nutrientes foram consideradas *Legionella* e foram submetidas a mais testes (Quadro III-22).

O passo seguinte foi a exposição das colónias cultivadas em meio BCYE à lâmpada UV de 365 nm. As colónias que exibiram fluorescência branca azulada sob UV de elevado comprimento de onda (365 nm) e que, ao mesmo tempo, foram negativas para os testes da urease e da redução de nitratos indicaram que é mais provável que pertençam a *Legionella* spp. Os testes bioquímicos de distinção; hidrólise da gelatina, oxidase e testes de motilidade mostraram que 6 (35%) dos 17 poderiam pertencer a *L. pneumophila* e 4 (23%) dos 17 pertenciam a outras espécies de *Legionella* (Tabela III-22) e (Figura III-11).

Quadro III-22. Testes bioquímicos de isolados de *Legionella*

Total de isolados (30)	Crescimento em BCYE com cisteína	Crescimento em caldo de nutrientes	Crescimento em BCYE sem cisteína	Sob UV (365 nm)	Hidrólise da gelatina	Teste da urease	Redução de nitratos	Oxidase	Catalase	Motilidade
Teste presuntivo Desconhecido spp.(13)	+	+	+							
L. pneumophila (6)	+	-	-	BW	+	-	-	+	+	+

Outras *Legionella* spp. (4)	+	-	-	BW	-	-	-	+/-	+	-
Não *Legionella* spp. (7)	+	-	-	-	+/-	+	+	+/-	+	+

BW: Branco azul, **+:** Positivo, **-:** Negativo, **+/-:** Variável

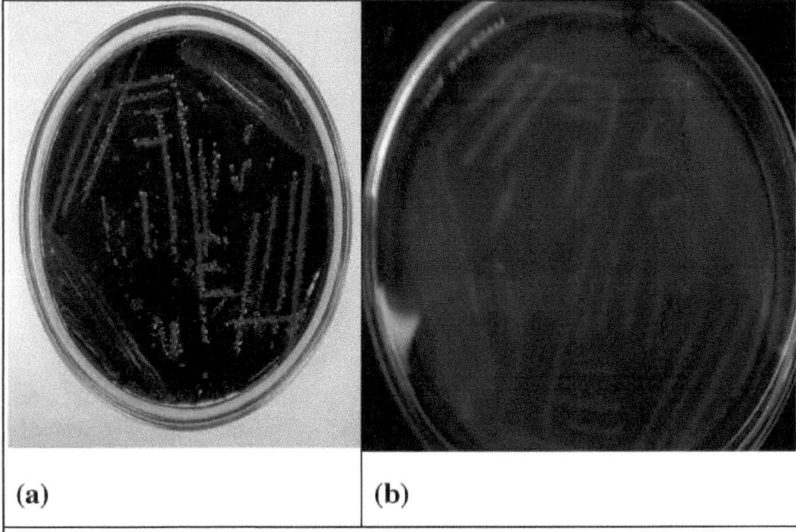

(a)

(b)

Figure III-11. (a) Suspected *Legionella* spp. on BCYE agar media. (b) Confirmed *Legionella* on BCYE agar media under UV (365 nm).

1.1.3. Identificação de *H. pylori* através de testes bioquímicos

Foram isolados 27 isolados presuntivos de *H. pylori* em ágar Columbia suplementado com 5% de sangue de ovelha e mantidos em BHI slant (10% de glicerol). Oito dos 27 (29%) isolados apresentaram urease, catalase, oxidase, testes de motilidade positivos e redução de nitratos negativos, tendo sido confirmados como *H. pylori*. 19 dos 27 isolados podem ser outros *Helicobacter* spp.

3.7. Resultados da análise das sequências

As análises das sequências de 6 isolados de *E. coli* O157:H7 foram efectuadas a partir de produtos de PCR monoplex do gene do antigénio O157 amplificado (utilizando um par de iniciadores *rfbE-F* e *rfbE-R*) com um tamanho de fragmento de 296 pb (Figura III-12).

As análises de sequências dos isolados de *E. coli* O157:H7 positivos para PCR, utilizando a pesquisa Blast, mostraram que as estirpes do banco de genes mais estreitamente relacionadas com *E. coli* 09BKT078844 serotipo

O157:H7 (número de acesso NZ KB 453139.1) apresentam uma homologia de 94% (Figura III-14), 97% (Figura III-15), 99% (Figura III-16) e 98% (Figura III-17). Por outro lado, *E. coli* O157:H7 (número de acesso NZ DS 571135.1) apresentou 100% de homologia (Figura III-13) e 97% de homologia (Figura III-18).

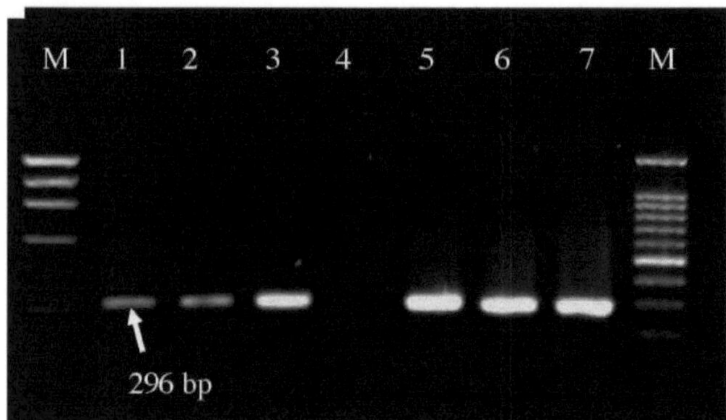

Figura III-12. PCR monoplex de isolados de *E. coli* O157:H7 (o gene amplificado do antigénio O157 (*rfbE*)) Faixa M: escada de ADN-HaeIII Digest ΦX174, faixas 2-3 e 5-7: Isolados de *E. coli* O157:H7 Faixa 4: controlo negativo Faixa M: 100 bp DNA Ladder RTU.

CAGGTGAAGGTGGAATGGTTGTCACGATGCAACCTTTA
TGACCGTTGNTTACATTTTAAGGCCAAGGATTAGCTGTA
CATAGGCAATATTGGCATGACGTTATAGGCTACAATTA
TAGGATGAAATTGCTGATATTTATAAAAAAAATATCAA
CAGTCTTGTACAAGTCCACAAGGAAAGTAAAGATGTTT
TTCACACTTATT GGATGGTCTC AATTCTAAA

Figura III-13. Análise da sequência de um fragmento de ADN de 296 pb de *E. coli* O157:H7 utilizando os iniciadores *rfbE-F* e *rfbE-R*. A análise da sequência revelou uma homologia de 100% com *E. coli* O157:H7 (N.º de acesso NZ DS 571135.1).

CAG GTG AAG GTG GAA TGG TTG TC CGATGCAAAC
CTTTATGACCGTTGNTTACATTTTNAAGGCCAAGGATTA
GCTGTACATAGCTGTACATAGGCAATATTGGCATGACG
TTATAGGCTACAATTATAGGATGACAAATATCTGCGCT
GCTATAGGATTAGCCCAGTTAGAACAAGCTGATGATTT
T ATATCA CGAAAACGTG AAATTGCTGATATTTATAAA
AAAAATATCAACAGTCTTGTACAAGTCCACAAGGAAAG
TAAAGATGTTTTTCACACTTATTGGATGGTCTCAATTCT
AAA

Figura III-14. Análise da sequência de um fragmento de ADN de 296 pb de *E. coli* O157:H7 utilizando os iniciadores *rfbE-F* e *rfbE-R*. A análise da sequência revelou 94% de homologia com *E. coli* 09BKT078844 serotipo O157:H7 (N.º de acesso NZ KB 453139.1).

ACGATGCAACCTTTATGACCGTTGNTTACATTTTNAAGG
CCAAGGATTAGCTGTACATAGGCAATATTGGCATGACG
TTATAGGCTACAATTATAGGATGACAAATATCTGCGCT
GCTATAGGATTAGCCCAGTTAGAACAAGCTGATGATTT
ATATCACGAAAACGTGAAATTGCTGATATTTATAAAAA
AAATATCAACAGTCTTGTACAAGTCCAC AAGGAAAGTA
AAGATGAAAATCACACTTATTGGATGGTCTCAATTCTA
AA

Figura III-15. Análise da sequência de um fragmento de ADN de 296 pb de *E. coli* O157:H7 utilizando os iniciadores *rfbE-F* e *rfbE-R*. A análise da sequência revelou 97% de homologia com *E. coli* 09BKT078844 serotipo O157:H7 (N.º de acesso NZ KB 453139.1).

ACGAATGCAAACCTTTATGACCGTTGNTTACATTTTAAG
GCCAAGGATTAGCTGTACATAGGCAATATTGGCATGAC
GTTATAGGCTACAATTATAGGATGACAAATATCTGCGC
TGCTATAGGATTAGCCCAGTTAGAACAAGCTGATGATT
TTATATCACGAAAACGTGAAATTGCTGATATTTATAAA
AAAAATATCAACAGTCTTGTACAAGTCCACAAGGAAAG
TAAAGATGTTTTTCACACTTATTGGATGGTCTCAATTCT
AAA

Figura III-16. Análise da sequência de um fragmento de ADN de 296 pb de *E. coli* O157:H7 utilizando os iniciadores *rfbE-F* e *rfbE-R*. A análise da sequência revelou uma homologia de 99% com *E. coli* 09BKT078844 serotipo O157:H7 (N.º de acesso NZ KB 453139.1).

ACGATGCAACCTTTATGACCGTTGNTTACATTTTAAGGC
CAAGGATTAGCTGTACATAGGCAATATTGGCATGACGT
TATAGGCTACAATTATAGGATGACAAATATCTGCGCTG
CTATAGGATTAGCCCAGTTAGAACAAGCTGATGATTTT
ATATCAC GAAAACGTGA AATTGCTGAT ATTTATAAAA
AAAATATCAACAGTCTTGTACAAGTCCACAAGGAAAGT
AAAGATGTTTTCACACTTATTGGATGGTCCTCAATTCTA
AA

Figura III-17. Análise da sequência de um fragmento de ADN de 296 pb de *E. coli* O157:H7 utilizando os iniciadores *rfbE-F* e *rfbE-R*. A análise da sequência revelou 98% de homologia com *E. coli* 09BKT078844 serotipo O157:H7 (N.º de acesso NZ KB453139.1).

CAGGTGAAGGTGGAATGGTTGTCACGAATGCAAAC
CTTTATGACCGTTGCTTACATTTTAAGGCCAAGGAT
TAGCTGTACATAGGCAATATTGGCATGACGTTATAG
GCTACAATTATAGGATGACAAATATCTGCGCTGCTA
TAGGATTAGCCCAGTTAGAACAAGCTGATGATTTTA
TATCACGAAAACTGGAAATTGCTGATATTTATAAA
AAAAATATCAACAGTCTTGTACAAGTCCACAAGGA
AAGTAAAGATGTTTTTCACACTTATTGGATGGTCCT
CAATTCTAAA

Figura III-18. Análise da sequência de um fragmento de ADN de 296 pb de *E. coli* O157:H7 utilizando os iniciadores *rfbE-F* e *rfbE-R*. A análise da sequência revelou uma homologia de 97% com *E. coli* O157:H7 (N.º de acesso NZ DS 571135.1).

3.8. Teste de sensibilidade aos antibióticos de bactérias patogénicas seleccionadas

A suscetibilidade a antibióticos de quarenta e quatro isolados de *E. coli* *O157:H7*, *E. coli* O157:H7 ATCC 35150 (estirpe 1), 10 isolados confirmados de *Legionella* spp. e *Legionella pneumophila* ATCC 33152 foi examinada utilizando 6 discos de antibióticos. Os seis grupos de antibióticos: amoxicilina 10 mg (AML 10) que representa o grupo das penicilinas, cefixima 5 mg (CFM 5) que representa o grupo das cefalosporinas de 3rd geração, ciprofloxacina 5 mg (CIP 5) que representa o grupo das quinolonas, tetraciclina 30 mg (TE 30) que representa o grupo das tetraciclinas, claritomicina 15 mg (CLR 15) que representa o grupo dos macrólidos e estreptomicina 10 mg (S 5) que representa o grupo dos aminoglicosídeos.

Os isolados foram classificados como sensíveis, intermédios ou resistentes a cada antibiótico de acordo com o **NCCLS (2007)** (Tabela III-23).

Tabela III-23. Norma de suscetibilidade antimicrobiana

Antibiótico	Diâmetro da zona Inteiro mais próximo (mm)			Ponto de paragem da CIM equivalente (µg/ml)	
	R	I	S	R	S
Amoxicilina 10 mg (AML 10)	≤ 13	14- 16	≥17	≥ 32	≤ 8
Cefixima 5 mg (CFM 5)	≤ 15	16- 18	≥ 19	≥ 4	≤ 1
Ciprofloxacina 5 mg (CIP 5)	≤ 15	16- 20	≥ 21	≥ 4	≤ 1
Tetraciclina 30 mg (TE 30)	≤ 11	12-14	≥ 15	≥ 16	≤ 4
Claritomicina 15 mg (CLR 15)	≤ 13	14- 17	≥ 18	≥ 8	≤ 2
Estreptomicina 10 mg (S 10)	≤ 11	12-14	≥ 15	-	-

R: Resistente; **I:** Intermédio; **S:** Sensível

3.8.1. Teste de sensibilidade aos antibióticos de *E. coli* O157:H7

A Tabela III-24 mostra que *a E. coli* O157:H7 ATCC 35150 (estirpe 1) era resistente à amoxicilina e à claritomicina. Embora fosse sensível à cefaxima, à ciprofloxacina, à tetraciclina e à estreptomicina, cinco isolados de águas residuais hospitalares eram resistentes à amoxicilina (100%), à claritomicina (100%) e à estreptomicina (20%).

Vinte e dois isolados de *E. coli* O157:H7 do rio Nilo eram resistentes à amoxicilina (100%), claritomicina (63%), estreptomicina (9%) e tetraciclina (4%). Embora fossem sensíveis à ciprofloxacina (100%) e à cefaxima (86%) (Quadro III-24).

Os isolados de *E. coli* O157:H7 de El-Rahawy eram resistentes à amoxicilina (100%), claritomicina (88%), estreptomicina (11%) e tetraciclina (5%) (Quadro III-24).

A partir dos resultados acima, pode concluir-se que os isolados de *E. coli* O157:H7 eram resistentes à amoxicilina (100%), claritomicina (77%), estreptomicina (11%) e tetraciclina (7%). Enquanto os isolados de *E. coli* O157:H7 eram sensíveis à ciprofloxacina (100%), a maioria dos isolados era sensível à tetraciclina (93%) e depois à cefaxima (86%). Para além disso, as diferenças entre a estirpe de referência ATCC e os isolados ambientais foram mostradas apenas na sensibilidade à estreptomicina. Enquanto a estirpe ATCC era sensível à estreptomicina, os isolados ambientais eram intermédios (75%) à estreptomicina (Quadro III-24).

3.8.2. Teste de sensibilidade aos antibióticos de *Legionella* spp.

O quadro III-25 mostra que *a Legionella pneumophila* ATCC 33152 era resistente à cefaxima e à claritomicina.

Os isolados suspeitos de serem provenientes de águas residuais hospitalares (7) não foram confirmados como *Legionella* spp. através de testes bioquímicos porque apresentaram reação positiva aos testes de urease e de redução de nitratos (Quadro III-22).

Três isolados de *Legionella* do Rio Nilo eram resistentes à tetraciclina (100%), claritromicina (100%), amoxicilina (66%), cefaxima (66%), ciprofloxacina (66%) e estreptomicina (33%) (Quadro III-25).

Sete isolados de *Legionella de* El-Rahawy eram resistentes à tetraciclina (100%), claritromicina (100%), ciprofloxacina (85%), amoxicilina (71%), cefaxima (28%) e estreptomicina (28%) (Quadro III-25).

A partir dos resultados acima, pode concluir-se que os isolados de *Legionella* eram resistentes à tetraciclina (100%), claritromicina (100%), ciprofloxacina (80%), amoxicilina (70%), cefaxima (40%) e estreptomicina (30%) (Quadro III-25).

Para além disso, ao comparar as diferenças entre a estirpe de referência ATCC e os isolados ambientais. É evidente que os isolados ambientais eram resistentes à tetraciclina (100%), à ciprofloxacina (80%), à amoxicilina (70%) e à estreptomicina (30%), enquanto a estirpe de referência ATCC era sensível a estes antibióticos (Quadro III-25).

Tabela III-24. Suscetibilidade a antibióticos de *E. coli* O157:H7 (estirpe de referência e isolados)

Isolados	Amoxicilina (AML 10)			Cefaxime (CFM 5)			Ciprofloxacina (CIP 5)			Tetraciclina (TE 30)			Claritromicina (CLR 15)			Estreptomicina (S 10)		
	S	I	R	S	I	R	S	I	R	S	I	R	S	I	R	S	I	R

Isolados																		
Isolados de *E. coli* O157:H7 de águas residuais hospitalares (5)	0	0	5	3	2	0	5	0	0	4	0	1	0	0	5	0	4	1
(%)			100	60	40		100			80		20			100		80	20
Isolados de *E. coli* O157:H7 do rio Nilo (22)	0	0	22	19	3	0	22	0	0	21	0	1	0	8	14	3	17	2
(%)			100	86	13		100			95		4		36	63	13	77	9
Isolados de *E. coli* O157:H7 de El-Rahawy (17)	0	0	17	16	1	0	17	0	0	16	0	1	0	2	15	3	12	2
(%)			100	94	5		100			94		5		11	88	17	70	11
E. coli total O157:H7 (44 isolados)	0	0	44	38	6	0	44	0	0	41	0	3	0	10	34	6	33	5
(%)			100	86	13		100			93		7		22	77	13	75	11
E. coli O157:H7 ATCC 35150	0	0	R	S	0	0	S	0	0	S	0	0	0	0	R	S	0	0

Tabela III-25. Suscetibilidade aos antibióticos de *Legionella* spp. (estirpe de referência e isolados)

Isolados	Amoxicilina (AML 10)			Cefaxime (CFM 5)			Ciprofloxacina (CIP 5)			Tetraciclina (TEC 30)			Claritromicina (CLR 15)			Estreptomicina (S 10)		
	S	I	R	S	I	R	S	I	R	S	I	R	S	I	R	S	I	R
Isolados de *Legionell*	0	1	2	1	0	2	1	0	2	0	0	3	0	0	3	1	1	1

a do Rio Nilo (3)																		
(%)	0	33	66	33	0	66	33	0	66	0	0	100	0	0	100	33	33	33
Isolados de *Legionella de* El-Rahawy (7)	2	0	5	5		2	1	0	6	0	0	7	0	0	7	5	0	2
(%)	28	0	71	71	0	28	14	0	85	0	0	100	0	0	100	71	0	28
Total de isolados de *Legionella* (10)	2	1	7	6	0	4	2	0	8	0	0	10	0	0	10	6	1	3
(%)	20	10	70	60		40	20	0	80	0	0	100	0	0	100	60	10	30
L. pneumophila ATCC 33152	S	0	0	0	0	R	S	0	0	S	0	0	0	0	R	S	0	0

3.9. Teste de sobrevivência de *E. coli* O157:H7

3.9.1. Sobrevivência de *E. coli* O157:H7 em diferentes fontes de água

A sobrevivência de *E. coli* O157:H7 em diferentes tipos de água foi efectuada utilizando três estirpes diferentes. *E. coli O157*:H7 ATCC 35150 (estirpe 1), isolado de *E. coli* O157:H7 do rio Nilo (estirpe 2) e isolado de *E. coli* O157:H7 da drenagem de El-Rahawy (estirpe 3) em cada tipo de água (Quadro III-26). As *E. coli* O157:H7 sobreviventes foram contadas no primeiro e segundo dias e depois contadas a intervalos semanais (7, 14, 21 e 28 durante 105 dias) utilizando ágar HiCrome MacConky Sorbitol e ágar de contagem de placas.

3.9.1.1. Experiências de controlo para todas as estirpes em diferentes tipos de água

A contagem total de bactérias viáveis (UFC/ml) não foi detectada na água subterrânea esterilizada não inoculada, na água do rio Nilo e nas águas residuais tratadas ao longo do período de estudo (105 dias), que foi utilizada como controlo de contaminação. Além disso, o TVBC (CFU/ml) não foi detectado em águas subterrâneas não esterilizadas e não inoculadas, em águas do rio Nilo e em águas residuais tratadas após 35, 63 e 77 dias, respetivamente. *A E. coli* O157:H7 não foi detectada na água subterrânea e na água do rio Nilo durante o período do estudo. Os seus números diminuíram nas águas residuais até estarem ausentes após 56 dias (Quadro III-26).

Tabela III-26. TVBC e *E. coli* O157:H7 (CFU/ml) nos três tipos de água não inoculados (controlo)

Dias	Águas subterrâneas (GW)		Água do rio Nilo (RN)		Águas residuais tratadas (WW)	
	TVBC	***E. coli* O157:H7**	**TVBC**	***E. coli* O157:H7**	**TVBC**	***E. coli* O157:H7**
1	30	ND	1.8×10^2	ND	4.0×10^4	6.0×10
2	30	ND	1.7×10^2	ND	3.8×10^4	5.5×10
7	30	ND	1.0×10^2	ND	2.8×10^4	2.8×10
14	20	ND	90	ND	3.0×10^4	2.0×10
21	10	ND	70	ND	2.0×10^4	1.0×10
28	5.0	ND	20	ND	9.6×10^3	1.0×10
35	2.0	ND	20	ND	9.0×10^3	90
42	Zero	ND	10	ND	3.6×10^3	64
49	Zero	ND	8.0	ND	6.0×10^2	40
56	Zero	ND	5.0	ND	5.0×10^2	3.0
63	Zero	ND	2.0	ND	1.7×10^2	ND
70	Zero	ND	Zero	ND	90	ND
77	Zero	ND	Zero	ND	10	ND

ND: Não detectado

3.9.1.2. Sobrevivência da estirpe (1) em diferentes tipos de água

A estirpe (1) sobreviveu em águas residuais esterilizadas (SWW) até 91 dias mais do que em águas residuais (não esterilizadas) (NSWW), águas subterrâneas (NSGW) e águas do rio Nilo (NSRN) (Quadros III-27 e III-29) (Figuras III-19 a III-22).

O tempo de sobrevivência da estirpe (1) tanto em SGW como em SRN foi mais longo do que a sua sobrevivência em NSGW e NSRN (Quadro III-27)

(Figuras III-19 e III-20).

A estirpe (1) sobreviveu em SGW e SRN até 84 dias. Sobreviveu mais tempo em NSGW e NSRN (Quadros III-28 e III-30).

A sobrevivência mais curta da estirpe (1) foi registada em NSRN (Quadros III-27 e III-29) (Figuras III-19 a III-22).

A Tabela III-28 mostra a correlação linear entre a sobrevivência da estirpe testada (1) em diferentes tipos de água e o tempo de sobrevivência (dias) utilizando o meio de contagem de placas em ágar. Existem correlações positivas com elevada significância entre os diferentes tipos de água ($p \leq 0{,}005$). A SRN apresentou correlação positiva com significância com NSGW, NSRN e NSWW ($p \leq 0{,}05$). As contagens de *E. coli* O157:H7 (estirpe 1) foram inversamente proporcionais ao tempo de sobrevivência (dias), o que representou correlações negativas com elevada significância, como se segue; (r= -,650, -,786, -,647, -,642, -,622 e -,660 para NSGW, SGW, NSRN, SRN, NSWW e SWW, respetivamente).

A Tabela III-30 mostra a correlação linear entre a sobrevivência da estirpe testada (1) em diferentes tipos de água e o tempo de sobrevivência (dias) utilizando o meio de sorbitol HiCrome MacConky. Existem correlações positivas com elevada significância entre os diferentes tipos de água ($p \leq 0{,}005$). As contagens de *E. coli* O157:H7 (estirpe 1) foram inversamente proporcionais ao tempo de sobrevivência (dias), o que representou correlações negativas com elevada significância, como se segue; (r= -,640, -,772, -,636, -,746, -,628 e -,745 para NSGW, SGW, NSRN, SRN, NSWW e SWW, respetivamente).

Tabela III-27. Sobrevivência da estirpe (1) em diferentes tipos de água ($7{,}2 \times 10^8$ CFU/ml) utilizando um meio de contagem de placas

Dias	Águas subterrâneas		Rio Nilo		Águas residuais tratadas	
	Não estéril	Estéril	Não estéril	Estéril	Não estéril	Estéril
1	1.5×10^6	2.4×10^6	9.9×10^6	5.0×10^6	1.9×10^9	1.5×10^7
2	2.0×10^6	2.3×10^6	8.1×10^6	$4{,}0 \times 10^6$	1.8×10^9	1.5×10^7
7	1.8×10^6	2.0×10^6	4.6×10^6	3.6×10^6	9.0×10^8	9.0×10^6
14	7.0×10^4	1.8×10^6	1.0×10^6	9.6×10^6	9.7×10^6	2.0×10^6
21	1.2×10^4	9.6×10^5	9.6×10^4	7.2×10^5	1.6×10^6	8.2×10^5
28	7.2×10^4	2.8×10^4	1.8×10^3	4.0×10^4	9.6×10^5	1.6×10^4
35	5.6×10^3	6.3×10^3	9.0×10^2	9.6×10^3	1.5×10^5	1.5×10^4
42	1.2×10^3	3.8×10^3	1.6×10^2	1.2×10^3	5.3×10^4	3.5×10^3

49	9.0×10^2	2.0×10^3	1.0×10^2	9.2×10^2	1.6×10^3	1.6×10^3
56	7.9×10^2	1.2×10^3	95	6.0×10^2	1.5×10^3	1.0×10^3
63	8.0×10^2	1.0×10^3	80	4.1×10^2	8.2×10^2	9.9×10^2
70	2.1×10^2	9.6×10^2	5.0	2.8×10^2	1.3×10^2	2.0×10^2
77	90	5.2×10^2	Zero	1.2×10^2	91	1.6×10^2
84	Zero	97	Zero	75	10	1.0×10^2
91	Zero	Zero	Zero	Zero	Zero	90
98	Zero	Zero	Zero	Zero	Zero	Zero
105	Zero	Zero	Zero	Zero	Zero	Zero

Tabela III-28. Correlação linear entre a sobrevivência da estirpe (1) em diferentes tipos de água e o tempo de sobrevivência (dias) utilizando o meio de contagem de placas

Tipos de água		Águas subterrâneas		Água do rio Nilo		Águas residuais	
		NSGW	SGW	NSRN	SRN	NSWW	SWW
NSGW	r	1	.856	.924	.511	.935	.945
	P	-	.000**	.000**	.036*	.000**	.000**
SGW	r	.856	1	.873	.836	.841	.885
	P	.000**	-	.000**	.000**	.000**	.000**
NSRN	r	.924	.873	1	.573	.994	.994
	P	.000**	.000**	-	_ ж .016	.000**	.000**
SRN	r	.511	.836	.573	1	.507	.573*
	P	.036*	.000**	.016*	-	038*	.016*
NSWW	r	.935	.841	.994	.507*	1	.996
	P	.000**	.000**	.000**	.038*	-	.000**
SWW	r	.945	.885	.994	.573	.996	1
	P	.000**	.000**	.000**	.016*	.000**	-
Dias	r	-.650	-.786	-.647	-.642	-.622	-.660
	P	.005**	.000**	.005**	.006**	.008**	.004**

*Estatisticamente significativo (P≤0,05) ** Estatisticamente muito significativo (P≤0,005) **r:** coeficiente de correlação (correlação de Pearson) **SGW:** Águas subterrâneas esterilizadas, **NSGW:** Águas subterrâneas não esterilizadas. **SRN:** Rio Nilo esterilizado, **NSRN:** Rio Nilo não esterilizado, **SWW:** Águas residuais esterilizadas, **NSWW:** Águas residuais não esterilizadas.

Tabela III-29. Sobrevivência da estirpe (1) em diferentes tipos de água ($7,2 \times 10^8$ CFU/ml) utilizando ágar sorbitol HiCrome MacConky

Dias	Águas subterrâneas		Rio Nilo		Águas residuais tratadas	
	Não estéril	Estéril	Não estéril	Estéril	Não estéril	Estéril
1	1.5×10^6	1.6×10^6	8.4×10^6	4.8×10^6	1.5×10^7	4.2×10^6
2	1.9×10^6	2.2×10^6	6.6×10^6	4.0×10^6	1.5×10^7	$4.0. \times 10^6$
7	1.6×10^6	1.8×10^6	3.0×10^6	3.7×10^6	7.1×10^6	3.0×10^6
14	1.0×10^4	1.0×10^6	9.8×10^5	4.5×10^6	5.9×10^5	1.8×10^6
21	1.0×10^4	9.0×10^5	9.2×10^4	7.0×10^5	2.8×10^4	8.0×10^5
28	3.0×10^3	2.5×10^4	1.0×10^3	1.0×10^4	1.4×10^4	1.0×10^4
35	5.0×10^3	6.0×10^3	2.1×10^2	6.0×10^3	3.6×10^3	1.0×10^4
42	1.1×10^3	1.0×10^3	1.0×10^2	1.0×10^3	2.2×10^2	3.6×10^3
49	8.9×10^2	1.0×10^3	1.0×10^2	2.9×10^2	5.9×10^2	1.2×10^3
56	6.0×10^2	9.0×10^2	40	2.0×10^2	3.6×10^2	1.0×10^3
63	6.0×10^2	6.0×10^2	30	1.6×10^2	1.2×10^2	6.2×10^2
70	2.0×10^2	2.0×10^2	2	1.0×10^2	99	1.8×10^2
77	ND	60	ND	80	20	1.2×10^2
84	ND	3	ND	ND	ND	1.0×10^2
91	ND	ND	ND	ND	ND	40
98	ND	ND	ND	ND	ND	ND
105	ND	ND	ND	ND	ND	ND

ND: Não detectado.

Tabela III-30. Correlação linear entre a sobrevivência da estirpe (1) em diferentes tipos de água e o tempo de sobrevivência (dias) utilizando o meio de sorbitol HiCrome MacConky

Tipos de água	Águas subterrâneas		Água do rio Nilo		Águas residuais	
	NSGW	SGW	NSRN	SRN	NSWW	SWW

NSGW	r	1	.912	.911	.795	.952**	.936**
	P	-	.000**	.000**	.000**	.000	.000
SGW	r	.912	1	.849	.912	.966	.966
	P	.000**	-	.000**	.000**	.000**	.000**
NSRN	r	.911	.849	1	.830	.988	.947
	P	.000**	.000**	-	.000**	.000**	.000**
SRN	r	.795	.912	.830	1	.803	.942
	P	.000**	.000**	.000**	-	.000**	.000**
NSWW	r	.952	.871	.988	.803	1	.946
	P	.000**	.000**	.000**	.000**	-	.000**
SWW	r	.936	.966	.947	.942	.946	1
	P	.000**	.000**	.000**	.000**	.000**	-
Dias	r	-.640	-.772	-.636	-.746	-.628	-.745
	P	.006**	.000**	.006**	.001**	.007**	.001**

*Estatisticamente significativo (P≤0,05) ** Estatisticamente muito significativo (P≤0,005) **r:** coeficiente de correlação (correlação de Pearson **SGW:** Águas subterrâneas esterilizadas, **NSGW:** Águas subterrâneas não esterilizadas. **SRN:** Rio Nilo esterilizado, **NSRN:** Rio Nilo não esterilizado, **SWW:** Águas residuais esterilizadas, **NSWW:** Águas residuais não esterilizadas.

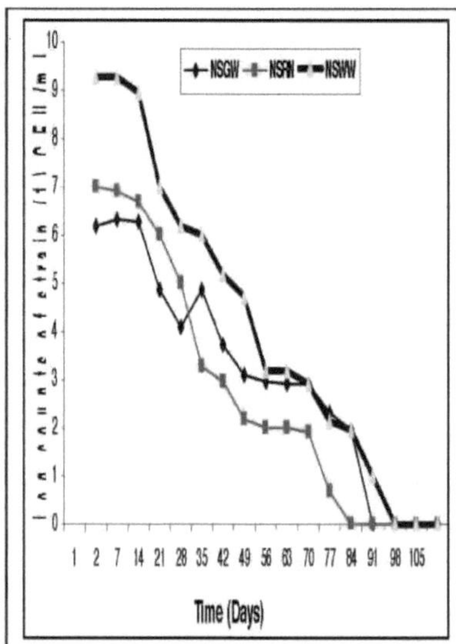

Fig III-19. Log counts of strain (1) in non-sterile different water types using plate count agar.

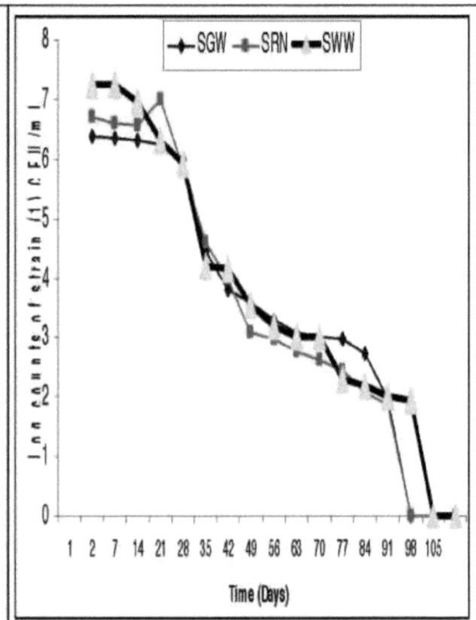

Fig III-20. Log counts of strain (1) sterile different water types using plate count agar.

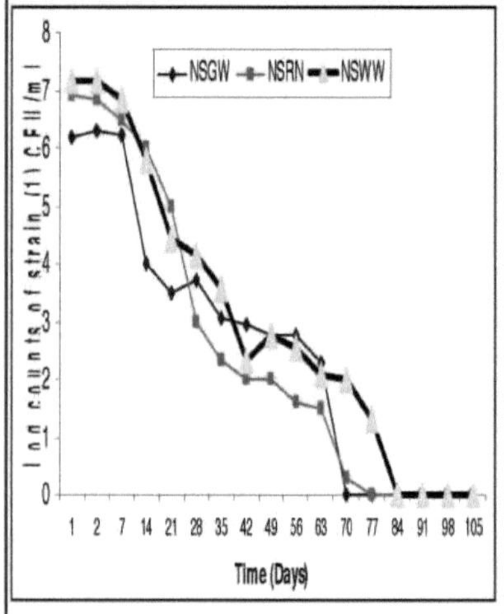

Fig. III-21. Log counts of strain (1) in non -sterile different water types using HiCrome MacConky Sorbitol agar

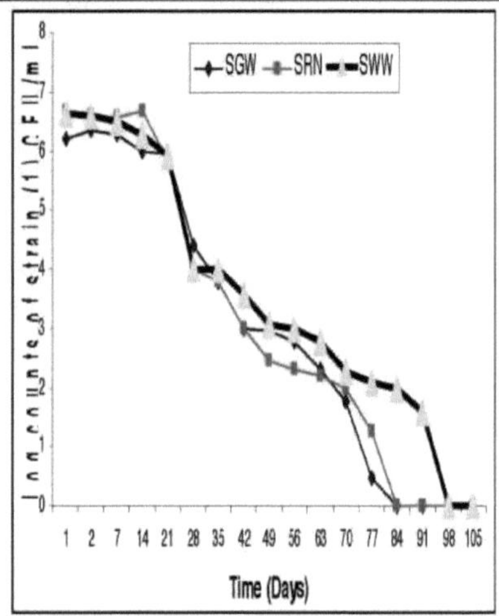

Fig. III-22. Log counts of strain (1) in sterile different water types using HiCrome MacConky Sorbitol agar

3.9.1.3. Sobrevivência da estirpe (2) em diferentes tipos de água

O quadro III-31 mostra que a sobrevivência do isolado de *E. coli* O157:H7 do rio Nilo (estirpe 2) em SWW foi de 91 dias, seguida de SGW (84 dias) e depois de SRN (70 dias) utilizando ágar de contagem de placas. Utilizando o ágar HiCrome MacConky Sorbitol, a sobrevivência foi registada até 91, 84 e 63 dias em SWW, SGW e SRN, respetivamente (Quadro III-33). Relativamente às amostras de água não esterilizadas, utilizando ágar de contagem de placas, a estirpe (2) sobreviveu em NSWW (77 dias), seguida de NSRN (63 dias) e NSGW (56 dias), respetivamente. No caso da utilização do meio HiCrome, sobreviveu até 70 dias e 56 dias em NSWW, NSGW e NSRN, respetivamente (Tabelas III-31 e III- 33) (Figuras III-23 a III-26).

A Tabela III-33 mostra que existe uma correlação linear entre a sobrevivência da estirpe testada (2) em diferentes tipos de água e o tempo (dias) utilizando o meio de contagem de placas em ágar. Existem correlações positivas com elevada significância entre os diferentes tipos de água (p≤ 0,005). As contagens da estirpe (2) foram inversamente proporcionais ao tempo de sobrevivência (dias), o que representou correlações negativas com elevada significância com o tempo de sobrevivência (dias) (r= -,642, -,704, -,664 e -,748 para NSGW, SGW, NSRN e SRN, respetivamente). Além disso, no caso de NSWW, SWW, as contagens da estirpe (2) foram inversamente proporcionais, o que representou correlações negativas com significado com o tempo de sobrevivência (dias) (r=-.594 e -.604).

A Tabela III-34 mostra a correlação linear entre a sobrevivência da estirpe testada (2) em diferentes tipos de água e o tempo de sobrevivência (dias) utilizando ágar sorbitol HiCrome MacConky. Existem correlações positivas com elevada significância entre os diferentes tipos de água (p≤ 0,005). As contagens da estirpe (2) foram inversamente proporcionais ao tempo de sobrevivência (dias), o que representou correlações negativas com elevada significância entre os diferentes tipos de água e o tempo de sobrevivência (dias) (r= -,645, -,704, -,709 e -,738 para NSGW, SGW, NSRN e SRN, respetivamente). Mas, no caso de NSWW e SWW, as contagens da estirpe (2) foram inversamente proporcionais, o que representou correlações negativas significativas com o tempo de sobrevivência (dias) (r= -,565 e -,590).

Tabela III-31. Sobrevivência da estirpe (2) em diferentes tipos de água $(4{,}3 \times 10^8$ CFU/ml) utilizando um meio de contagem de placas

Dias	Águas subterrâneas		Rio Nilo		Águas residuais tratadas	
	Não estéril	Estéril	Não estéril	Estéril	Não estéril	Estéril
1	7.0×10^6	6.4×10^6	1.7×10^7	3.2×10^6	9.6x108	8.3×10^6
2	6.0×10^6	3.2×10^6	1.0×10^7	2.0×10^6	9.0x108	5.3×10^6

7	$5.0x10^6$	$3.8x10^6$	$8.0x10^6$	$1.8x10^6$	$1.0x10^8$	$1.7x10^6$
14	$8.2x104$	$1.6x10^6$	$3.6x10^6$	$1.2x10^6$	$8.1x10^7$	$8.9x10^5$
21	$9.3x10^3$	$6.7x10^5$	$2.0x10^5$	$9.0x10^5$	$6.2x10^6$	$1.2x10^5$
28	$5.2x10^3$	$3.3x10^5$	$1.6x104$	$3.6x104$	$1.6x10^6$	$9.2x104$
35	$7.2x10^2$	$6.2x104$	$5.0x10^3$	$7.2x10^3$	$3.1x10^5$	$4.4x104$
42	$5.2x10^2$	$7.2x10^3$	$6.4x10^2$	$2.4x10^3$	$2.0x104$	$1.1x104$
49	$1.0x10^2$	$3.6x10^3$	$1.2x10^2$	$2.0x10^2$	$1.5x10^3$	$9.6x10^3$
56	20	$1.3x10^3$	90	$1.2x10^2$	$9.9x10^2$	$2.3x10^3$
63	Zero	$6.2x10^2$	14	$1.0x10^2$	$2.8x10^2$	$1.0x10^3$
70	Zero	$2.0x10^2$	Zero	60	$1.5x10^2$	$9.0x10^2$
77	Zero	$1.0x10^2$	Zero	Zero	8.0	$3.2x10^2$
84	Zero	80	Zero	Zero	Zero	$2.0x10^2$
91	Zero	Zero	Zero	Zero	Zero	90
98	Zero	Zero	Zero	Zero	Zero	Zero
105	Zero	Zero	Zero	Zero	Zero	Zero

Tabela III-32. Correlação linear entre a sobrevivência da estirpe (2) em diferentes tipos de água e o tempo de sobrevivência (dias) utilizando o meio de contagem de placas em ágar

Tipos de água		Águas subterrâneas		Rio Ni	e água	Wastewa ter	
		NSGW	SGW	NSRN	SRN	NSWW	SWW
NSGW	r	1	.947	.962	.921	.921	.923
	P	-	.000**	.000**	.000**	.000**	.000**
SGW	r	.947	1	.988	.980	.872	.928
	P	.000**	-	.000**	.000**	.000**	.000**
NSRN	r	.962	.988	1	.969	.932	.969
	P	.000**	.000**	-	.000**	.000**	.000**
SRN	r	.921	.980	.969	1	.880	.919
	P	.000**	.000**	.000**	-	.000**	.000**
NSW W	r	.921	.872	.932	.880	1	.979
	P	.000**	.000**	.000**	.000**	-	.000**

SWW	r	.923	.928	.969	.919	.979	1
	P	.000**	.000**	.000**	.000**	.000**	-
Dias	r	-.642	-.704	-.664	-.748	-.594	-.604
	P	.005**	.002**	.004**	.001**	.012*	.010*

*Estatisticamente significativo (P≤0,05) ** Estatisticamente muito significativo (P≤0,005) **r:** coeficiente de correlação (correlação de Pearson **SGW:** Águas subterrâneas esterilizadas, **NSGW:** Águas subterrâneas não esterilizadas. **SRN:** Rio Nilo esterilizado, **NSRN:** Rio Nilo não esterilizado, **SWW:** Águas residuais esterilizadas, **NSWW:** Águas residuais não esterilizadas.

Tabela III-33. Sobrevivência da estirpe (2) em diferentes tipos de água ($4,3 \times 10^8$ CFU/ml) utilizando ágar sorbitol HiCrome MacConky

Dias	Águas subterrâneas		Rio Nilo		Águas residuais tratadas	
	Não estéril	Estéril	Não estéril	Estéril	Não estéril	Estéril
1	3.6×10^6	5.4×10^6	4.3×10^6	3.1×10^6	7.0×10^7	7.6×10^6
2	3.0×10^6	3.0×10^6	4.0×10^6	2.0×10^6	7.2×10^7	3.8×10^6
7	2.9×10^6	3.2×10^6	2.1×10^6	1.5×10^6	9.2×10^6	1.5×10^6
14	6.0×10^4	1.0×10^6	2.0×10^6	1.0×10^6	1.9×10^6	7.9×10^5
21	9.0×10^3	6.5×10^5	2.0×10^5	8.9×10^5	2.3×10^5	1.0×10^5
28	5.0×10^3	3.9×10^5	1.2×10^4	3.0×10^4	9.8×10^4	9.9×10^4
35	6.0×10^2	7.0×10^4	4.8×10^3	6.3×10^3	6.2×10^3	3.8×10^4
42	5.0×10^2	7.0×10^3	6.5×10^2	2.1×10^3	9.2×10^2	1.0×10^4
49	1.0×10^2	3.2×10^3	1.1×10^2	1.8×10^2	1.2×10^2	9.0×10^3
56	8.0	1.0×10^3	8.0	1.0×10^2	1.0×10^2	2.1×10^3
63	ND	6.6×10^2	ND	80	93	1.0×10^3
70	ND	2.0×10^2	ND	ND	72	6.2×10^2
77	ND	1.2×10^2	ND	ND	ND	2.0×10^2
84	ND	70	ND	ND	ND	1.0×10^2
91	ND	ND	ND	ND	ND	72
98	ND	ND	ND	ND	ND	ND
105	ND	ND	ND	ND	ND	ND

ND: Não detectado

Tabela III-34. Correlação linear entre a sobrevivência da estirpe (2) em diferentes tipos de água e o tempo de sobrevivência (dias) utilizando ágar sorbitol HiCrome MacConky

Tipos de água		Águas subterrâneas		Água do rio Nilo		Águas residuais	
		NSGW	SGW	NSRN	SRN	NSWW	SWW
NSGW	r	1	.964	.918	.918	.872	.885
	P	-	.000**	.000**	.000**	.000**	.000**
SGW	r	.964	1	.938	.975	.858	.942
	P	.000**	-	.000**	.000**	.000**	.000**
NSRN	r	.918	.938	1	.959	.917	.915
	P	.000**	.000**	-	.000**	.000**	.000**
SRN	r	.918	.975	.959	1	.875	.935
	P	.000**	.000**	.000**	-	.000**	.000**
NSW W	r	.872	.858	.917	.875	1	.929
	P	.000**	.000**	.000**	.000**	-	.000**
SWW	r	.885	.942	.915	.935	.929	1
	P	.000**	.000**	.000**	.000**	.000**	-
Dias	r	-.645	-.704	-.709	-.738	-.565	-.590
	P	.005**	.002**	.001**	.001**	.018*	.013*

*Significativo do ponto de vista estatístico (P≤0,05) ** Altamente significativo do ponto de vista estatístico (P≤0,005) **r:** coeficiente de correlação (correlação de Pearson **SGW:** Águas subterrâneas estéreis, **NSGW:** Águas subterrâneas não estéreis.

SRN: Rio Nilo esterilizado, **NSRN:** Rio Nilo não esterilizado, **SWW:** Águas residuais esterilizadas, **NSWW:** Águas residuais não esterilizadas.

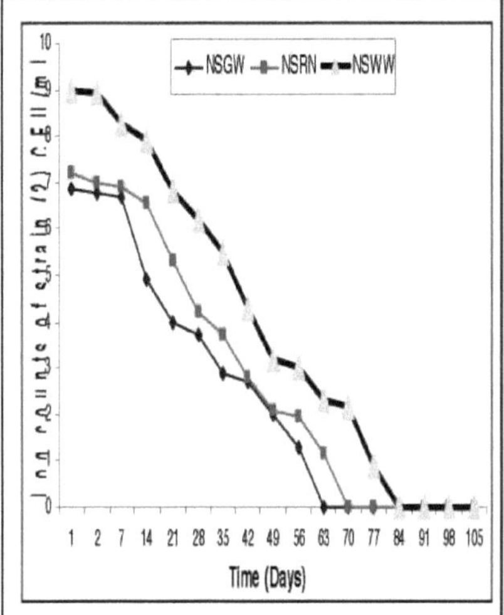

Fig. III-23. Log counts of strain (2) in non- sterile different water types using plate count agar

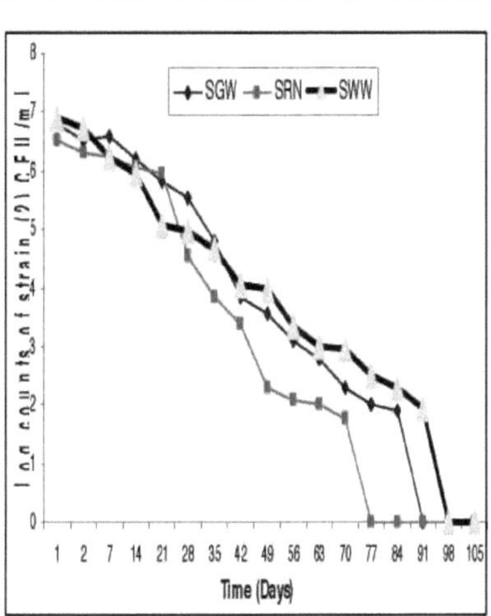

Fig. III-24. Log counts of strain (2) sterile different water types using plate count agar

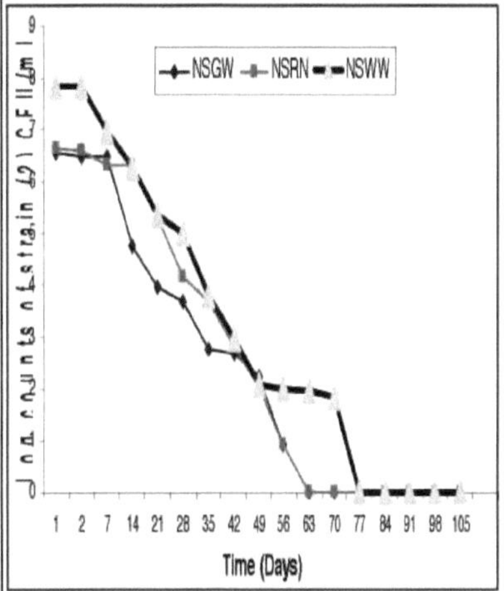

Fig. III-25. Log counts of strain (2) in non -sterile different water types using HiCrome MacConky Sorbitol agar

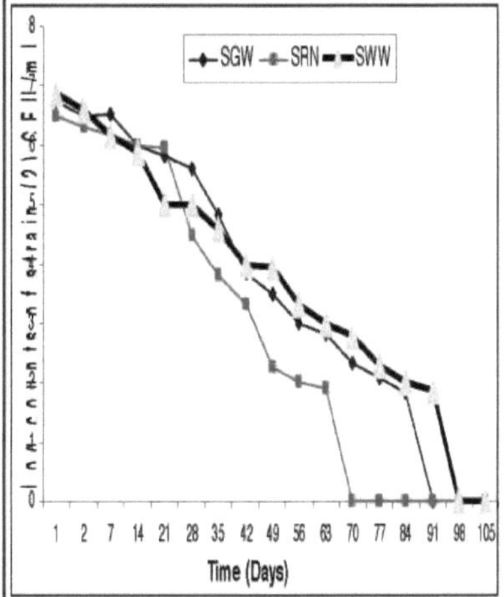

Fig. III-26. Log counts of strain (2) in sterile different water types using HiCrome MacConky Sorbitol agar

3.9.1.4. Sobrevivência da estirpe (3) em diferentes tipos de água

O isolado de *E. coli* O157:H7 da El-Rahawy Drain (estirpe 3) sobreviveu mais tempo do que as outras duas estirpes. Sobreviveu durante mais tempo em SWW (98 dias), seguido de SGW, utilizando ágar de contagem de placas. Em água não esterilizada, o tempo de sobrevivência mais curto (dias) foi em NSRN (56 dias) (Tabelas III-35 e III-37) (Figuras III-27 a III-30).

A Tabela III-36 mostra a correlação linear entre a sobrevivência da estirpe testada (3) em diferentes tipos de água e (tempo de sobrevivência) dias utilizando o meio de contagem de placas em ágar. Existem correlações positivas com elevada significância entre os diferentes tipos de água (p≤0,005). Além disso, existem correlações negativas com elevada significância entre os diferentes tipos de água e o tempo de sobrevivência (dias) (r= -,721, -,715, -,628, -,721, -,640 e -,672 para NSGW, SGW, NSRN, SRN, NSWW e SWW, respetivamente).

A Tabela III-38 mostra a correlação linear entre a sobrevivência da estirpe testada (3) em diferentes tipos de água e (tempo de sobrevivência) dias utilizando ágar sorbitol HiCrome MacConky. Existem correlações positivas com elevada significância entre os diferentes tipos de água (p≤ 0,005). As contagens da estirpe (3) foram inversamente proporcionais ao tempo de sobrevivência (dias), o que está representado nas correlações negativas com elevada significância, como se segue; (r= -,711, -,717, -,675, -,721 e -,669 para NSGW, SGW, NSRN, SRN e SWW, respetivamente). Também, com significância em NSWW e tempo de sobrevivência (dias) (r= -.556).

Em geral, a partir das tabelas (III-30 a III-38) é claro que as três estirpes de *E. coli* O157:H7 sobreviveram mais tempo nos três tipos de água estéril seleccionados do que na água não estéril. Enquanto que, na água não esterilizada, diminuiu rapidamente no rio Nilo (entre 56-70 dias), seguindo-se as águas subterrâneas (65-77 dias) e as águas residuais tratadas (entre 70-77 dias). *A E. coli* O157:H7 isolada da drenagem de El- Rahawy (estirpe 3) teve a sobrevivência mais longa nas águas residuais (98 dias) do que as outras duas estirpes (estirpe de referência (estirpe 1) e a estirpe (2) isolada da água do rio Nilo, ambas sobreviveram durante 91 dias.

Tabela III-35. Sobrevivência da estirpe tratada (3) em diferentes tipos de água (5,7x10^8 CFU/ml) utilizando ágar de contagem de placas

Dias	Águas subterrâneas		Rio Nilo		Águas residuais tratadas	
	Não estéril	Estéril	Não estéril	Estéril	Não estéril	Estéril
1	7.2x10^6	1.3x10^6	2.0x10^7	4.1x10^6	1.2x10^9	9.8x10^6
2	6.0x10^6	3.6x10^6	1.8x10^7	3.9x10^6	1.1x10^9	9.2x10^6
7	5.0x10^6	2.5x10^6	9.0x10^6	3.1x10^6	8.5x108	4.4x10^6
14	6.0x10^6	2.4x10^6	6.9x10^5	1.2x10^6	7.8x10^6	1.3x10^6

21	1.0×10^4	7.5×10^5	9.8×10^4	5.7×10^5	1.0×10^6	9.8×10^5
28	4.2×10^2	9.0×10^3	8.9×10^2	6.0×10^3	9.0×10^5	2.1×10^5
35	1.2×10^2	2.1×10^3	6.0×10^2	4.8×10^3	1.0×10^5	8.3×10^4
42	1.0×10^2	2.1×10^3	2.4×10^2	1.8×10^3	3.6×10^4	2.9×10^4
49	90	1.3×10^3	99	6.0×10^2	1.4×10^3	9.3×10^3
56	48	7.2×10^3	56	1.2×10^2	1.1×10^3	5.9×10^3
63	24	4.2×10^3	1.0	1.0×10^2	7.4×10^2	2.1×10^3
70	Zero	7.2×10^2	Zero	80	1.6×10^2	9.5×10^2
77	Zero	1.0×10^2	Zero	6.0	75	6.2×10^2
84	Zero	12	Zero	Zero	Zero	3.2×10^2
91	Zero	Zero	Zero	Zero	Zero	1.8×10^2
98	Zero	Zero	Zero	Zero	Zero	75
105	Zero	Zero	Zero	Zero	Zero	Zero

Tabela III-36. Correlação linear entre a sobrevivência da estirpe (3) em diferentes tipos de água e o tempo de sobrevivência (dias) utilizando ágar de contagem de placas

Tipos de água		Águas subterrâneas		Água do rio Nilo		Águas residuais	
		NSGW	SGW	NSRN	SRN	NSWW	SWW
NSGW	r	1	.882	.841	.924	.843	.868
	P	-	.000**	.000**	.000**	.000**	.000**
SGW	r	.882	1	.725	.851	.752	.768
	P	.000**	-	.001**	.000**	.000**	.000**
NSRN	r	.841	.725	1	.964	.985	.995
	P	.000**	.001**	-	.000**	.000**	.000**
SRN	r	.924	.851	.964	1	.977	.974
	P	.000**	.000**	.000**	-	.000**	.000**
NSWW	r	.843	.752	.985	.977**	1	.976
	P	.000**	.000**	.000**	.000	-	.000**
SWW	r	.868	.768	.995	.974	.976	1
	P	.000**	.000**	.000**	.000**	.000**	-

Dias	r	-.721	-.715	-.628	-.721	-.640	-.672
	P	.001**	.001**	.007**	.001**	.006**	.003**

*Estatisticamente significativo (P≤0,05) ** Estatisticamente muito significativo (P≤0,005) **r:** coeficiente de correlação (correlação de Pearson **SGW:** Águas subterrâneas esterilizadas, **NSGW:** Águas subterrâneas não esterilizadas. **SRN:** Rio Nilo esterilizado, **NSRN:** Rio Nilo não esterilizado, **SWW:** Águas residuais esterilizadas, **NSWW:** Águas residuais não esterilizadas.

Tabela III-37. Sobrevivência da estirpe (3) em diferentes tipos de água $(5,7 \times 10^8$ CFU/ml) utilizando ágar sorbitol HiCrome MacConky

Dias	Águas subterrâneas		Rio Nilo		Águas residuais tratadas	
	Não estéril	Estéril	Não estéril	Estéril	Não estéril	Estéril
1	2.8×10^6	2.9×10^6	4.9×10^6	4.0×10^6	1.8×10^7	9.5×10^6
2	3.0×10^6	3.0×10^6	4.7×10^6	3.5×10^6	1.3×10^7	9.0×10^6
7	4.0×10^6	2.3×10^6	1.9×10^6	3.0×10^6	2.0×10^6	4.3×10^6
14	2.4×10^6	1.4×10^6	6.0×10^5	1.1×10^6	3.1×10^5	1.1×10^6
21	1.2×10^4	4.6×10^4	9.0×10^4	5.6×10^5	1.4×10^4	9.7×10^5
28	1.0×10^2	2.1×10^2	8.6×10^2	6.0×10^3	8.1×10^3	1.9×10^5
35	1.0×10^2	3.6×10^2	3.9×10^2	2.8×10^3	2.3×10^3	8.1×10^4
42	1.0×10^2	3.6×10^2	2.0×10^2	1.0×10^3	9.9×10^2	2.5×10^4
49	68	1.6×10^2	36	2.0×10^2	5.0×10^2	8.9×10^3
56	59	1.2×10^2	5.0	1.0×10^2	2.0×10^2	5.8×10^3
63	18	1.0×10^2	ND	90	1.8×10^2	1.9×10^3
70	ND	1.0×10^2	ND	18	90	9.3×10^2
77	ND	90	ND	2.0	8.0	6.1×10^2
84	ND	6.0	ND	ND	ND	3.3×10^2
91	ND	ND	ND	ND	ND	1.1×10^2
98	ND	ND	ND	ND	ND	8.0
105	ND	ND	ND	ND	ND	ND

ND: não detectado.

Tabela III-38. Correlação linear entre a sobrevivência da estirpe (3) em diferentes tipos de água e o tempo de sobrevivência (dias) utilizando ágar sorbitol HiCrome MacConky

Tipos de água		Águas subterrâneas		Água do rio Nilo		Águas residuais	
		NSGW	SGW	NSRN	SRN	NSWW	SWW
NSGW	r	1	.951	.808	.922	.654	.815
	P	-	.000*	.000**	.000**	.004**	.000**
SGW	r	.951	1	.948	.985	.849	.950
	P	.000**	-	.000**	.000**	.000**	.000**
NSRN	r	.808	.948	1	.962	.962	.997
	P	.000**	.000**	-	.000**	.000**	.000**
SRN	r	.922	.985	.962	1	.878	.970
	P	.000**	.000**	.000**	-	.000**	.000**
NSWW	r	.654	.849	.962	.878	1	.958
	P	.004**	.000**	.000**	.000**	-	.000**
SWW	r	.815	.950	.997	.970	.958	1
	P	.000**	.000**	.000**	.000**	.000**	-
Dias	r	-.711	-.717	-.675	-.721	-.556	-.669
	P	.001**	.001**	.003**	.001**	.021*	.003**

*Estatisticamente significativo (P≤0,05) ** Estatisticamente muito significativo (P≤0,005) **r:** coeficiente de correlação (correlação de Pearson **SGW:** Águas subterrâneas esterilizadas, **NSGW:** Águas subterrâneas não esterilizadas. **SRN:** Rio Nilo esterilizado, **NSRN:** Rio Nilo não esterilizado, **SWW:** Águas residuais esterilizadas, **NSWW:** Águas residuais não esterilizadas.

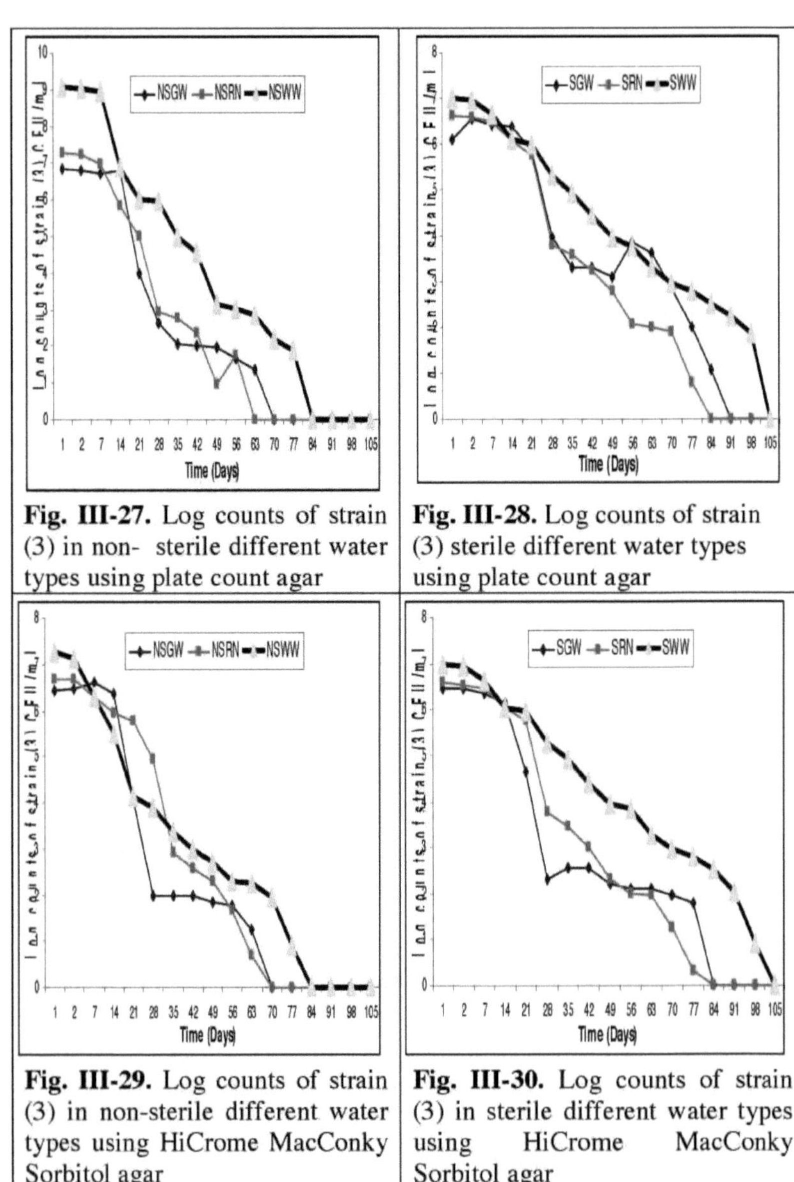

Fig. III-27. Log counts of strain (3) in non- sterile different water types using plate count agar

Fig. III-28. Log counts of strain (3) sterile different water types using plate count agar

Fig. III-29. Log counts of strain (3) in non-sterile different water types using HiCrome MacConky Sorbitol agar

Fig. III-30. Log counts of strain (3) in sterile different water types using HiCrome MacConky Sorbitol agar

3.10. Necessidade de cloro para a inativação de *E. coli* O157:H7 e *L. pneumophila*

O cloro livre com diferentes concentrações (0,2, 0,6, 1,0, 1,4, 1,8, 2,2, 2,6 e

104

3,0 mg/l) foi avaliado para inativar *Escherichia coli* O157:H7 ATCC 35150 (estirpe 1), isolado de *Escherichia coli* O157:H7 do rio Nilo (estirpe 2), isolado de *E. coli* O157:H7 (estirpe 3) e *L. pneumophila* ATCC 33152 (quadro II-2) à temperatura do laboratório (cerca de 20±2° C), com um tempo de contacto fixo de 10 minutos.

3.10.1. Necessidade de cloro para a inativação de *E. coli* O157:H7 (ATCC 35150) (estirpe 1)

A contagem inicial da estirpe (1) foi de $3,3 \times 10^6$ CFU/ml antes da exposição a qualquer dose de cloro. A estirpe (1) foi exposta às seguintes concentrações de cloro; 0,2, 0,6, 1,0, 1,4, 1,8, 2,2, 2,6 e 3,0 mg/l à temperatura do laboratório durante um tempo de contacto fixo de 10 min (Tabela III-39).

A percentagem de remoção da estirpe (1) foi atingida em 99,9969% com uma redução de cerca de 4 log com uma dose de cloro de 1,4 mg/l e cloro residual de 0,31 mg/l (Tabela III-39 e Figuras III-31, III-32, III-33).

A contagem de log UFC/ml da estirpe (1) reduziu de 5,98 para 1,47 a 0,2 e 3,0 mg/l de dose de cloro, respetivamente (Tabela III-39 e Figura III-32).

A figura (III-31) mostra o ponto de rutura do cloro, que é a dose óptima de cloro necessária para obter um efeito de erradicação elevado da estirpe. O ponto de paragem do cloro foi determinado com uma dose de cloro de 1,0 mg/l e o cloro residual foi de 0,24 mg/l.

A análise estatística mostrou que a regressão (R^2) entre o cloro residual e a contagem da estirpe (1) foi de 46 %, o que significa que o aumento da dose de cloro com a diminuição das contagens de *E. coli* O157:H7 foi inversamente proporcional.

Tabela III-39. Eficácia das doses de cloro adicionadas à estirpe (1)

Cloro (mg/l)		Contagens bacterianas (CFU/ml)		
Cloro Dose	Corina residual	Contagem	Registo	Remoção %
0.0	0.00	3.3×10^6	6.51	0.00
0.2	0.08	9.6×10^5	5.98	70.90
0.6	0.40	4.8×10^5	5.68	85.40
1.0	0.24	4.0×10^2	2.60	99.98
1.4	0.31	1.0×10^2	2.00	99.9969
1.8	0.42	9.6×10	1.98	99.9970
2.2	0.59	8.0×10	1.90	99.9975

| 2.6 | 0.6 | 4.0x10 | 1.60 | 99.9987 |
| 3.0 | 0.80 | 3.0x10 | 1.47 | 99.9999 |

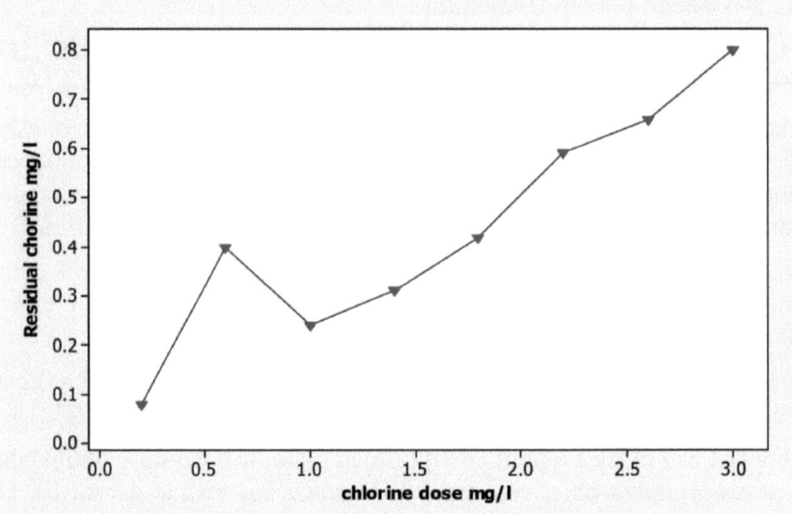

Figura III-31. Ponto de rutura do cloro para a estirpe (1)

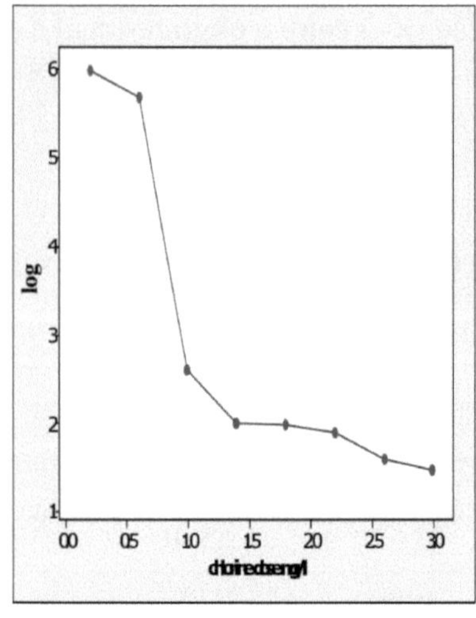

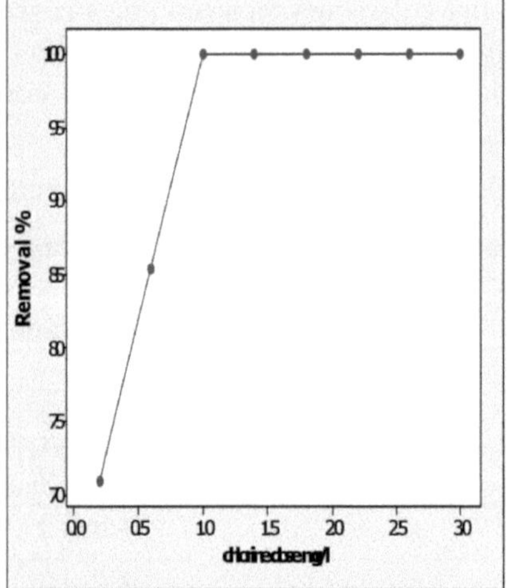

Figure III-32. Log counts of strain (1) using different conc. of chlorine

Figure III-33. Removal % of strain (1) using different conc. of chlorine

3.10.2. Necessidade de cloro para a inativação de *E. coli* O157:H7 (estirpe 2)

A contagem inicial da estirpe (2) foi de $9,0 \times 10^5$ CFU/ml antes da exposição a qualquer dose de cloro. A estirpe (2) foi exposta às seguintes concentrações de cloro; 0,2, 0,6, 1,0, 1,4, 1,8, 2,2, 2,6 e 3,0 mg/l à temperatura de laboratório durante um tempo de contacto fixo de 10 min (Tabela III-40).

1,0 mg/l de cloro removeu 97,88% da estirpe (2), o cloro residual foi de 0,18 mg/l (Tabela III-40 e Figura III-33, III-34, III-35).

A contagem logarítmica de CFU/ml de *E. coli* O157:H7 (estirpe 2) reduziu de 5,78 para 2,08 com doses de cloro de 0,2 e 3,0 mg/l, respetivamente (Tabela III-40 e Figura III-35).

A figura (III-34) mostra que o ponto de rutura foi determinado a uma dose de cloro de 0,6 mg/l e que o cloro residual era de 0,05 mg/l.

A análise estatística mostrou que a regressão (R^2) entre o cloro residual e a contagem da estirpe (2) foi de 58,3 %, o que significa que o aumento da dose de cloro e a diminuição da contagem de *E. coli* O157:H7 foram inversamente proporcionais.

Tabela III-40. Eficácia das doses de cloro adicionadas à estirpe (2)

Cloro (mg/l)		Contagens bacterianas (CFU/ml)		
Cloro Dose mg/l	Corina residual	Contagens	Registo	Remoção %
0.0	0.00	9.0×10^5	5.95	0.00
0.2	0.07	6.0×10^5	5.78	33.33
0.6	0.05	2.4×10^5	5.38	73.33
1.0	0.18	1.9×10^4	4.28	97.88
1.4	0.33	7.2×10^3	3.86	99.20
1.8	0.44	1.8×10^3	3.26	99.80
2.2	0.54	1.2×10^3	3.08	99.86
2.6	0.56	4.8×10^2	2.68	99.94
3.0	0.60	1.2×10^2	2.08	99.98

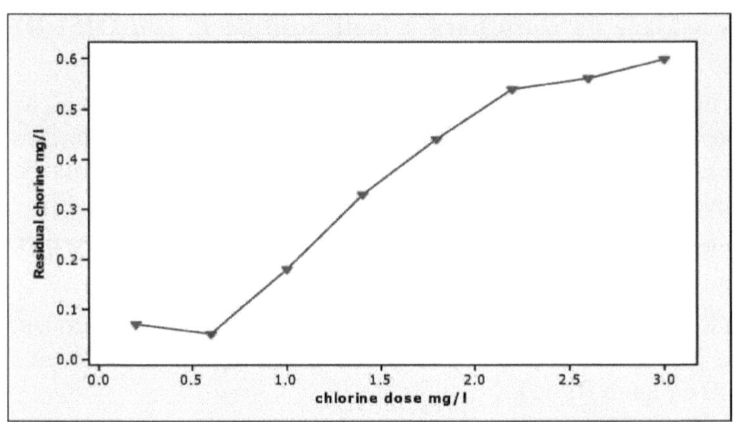

Figura III-34. Ponto de rutura do cloro para a estirpe (2)

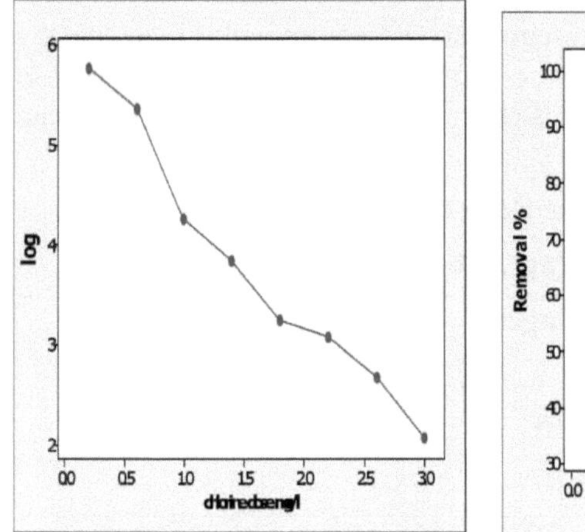

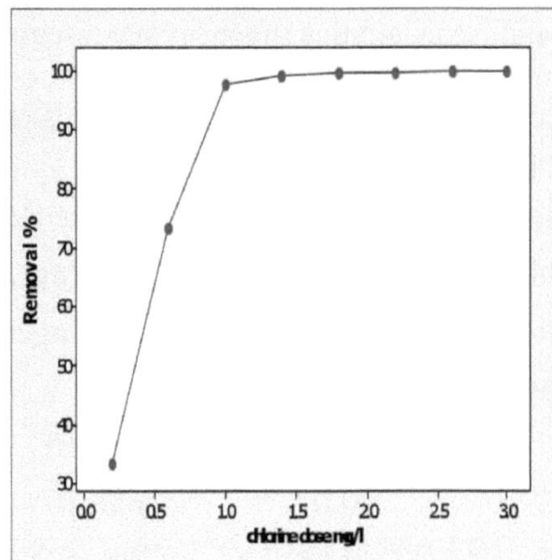

Figure III-35. Log counts of strain (2) using different conc. of chlorine

Figure III-36. Removal % of strain (2) using different conc. of chlorine

3.10.3. Necessidade de cloro para a inativação de *E. coli* O157:H7 (estirpe 3)

A contagem inicial da estirpe *E. coli* O157:H7 (3) foi de $3{,}7{\times}10^{6}$ CFU/ml antes da exposição a qualquer dose de cloro. A estirpe (3) foi exposta às seguintes concentrações de cloro; 0,2, 0,6, 1,0, 1,4, 1,8, 2,2, 2,6 e 3,0 mg/l à temperatura do laboratório durante um tempo de contacto fixo de 10 min (Tabela III-41).

A percentagem de remoção da estirpe (3) atingiu 99,9987% com uma redução de cerca de 5 log com uma dose de cloro de 2,2 mg/l e cloro residual de 0,73 mg/l (Tabela III-41 e Figura III-37, III-38, III-39).

A contagem de log UFC/ml da estirpe (3) reduziu de 5,20 para 1,48 a 0,2 e 3,0 mg/l de dose de cloro, respetivamente (Tabela III-41 e Figura III-38).

A figura (III-36) mostra o ponto de paragem do cloro que foi determinado com uma dose de cloro de 1,8 mg/l e um cloro residual de 0,60 mg/l.

A análise estatística mostrou que a regressão (R^2) entre o cloro residual e a contagem da estirpe (3) foi de 46,8 %, o que significa que o aumento da dose de cloro e a diminuição da contagem de *E. coli* O157:H7 foram inversamente proporcionais.

Tabela III-41. Eficácia das doses de cloro adicionadas à estirpe (3)

Cloro (mg/l)		Contagens bacterianas (CFU/ml)		
cloro Dose	Corina residual	Contagens	registo	Remoção %
0.0	0.00	$3.7x10^6$	6.57	00.000
0.2	0.16	$1.6x10^5$	5.20	95.6700
0.6	0.38	$2.0x10^2$	2.30	99.9945
1.0	0.53	$1.9x10^2$	2.28	99.9948
1.4	0.64	$1.0x10^2$	2.00	99.9972
1.8	0.60	7.0x10	1.85	99.9981
2.2	0.73	8.0x10	1.90	99.9978
2.6	0.73	7.0x10	1.85	99.9981
3.0	0.80	3.0x10	1.48	99.9991

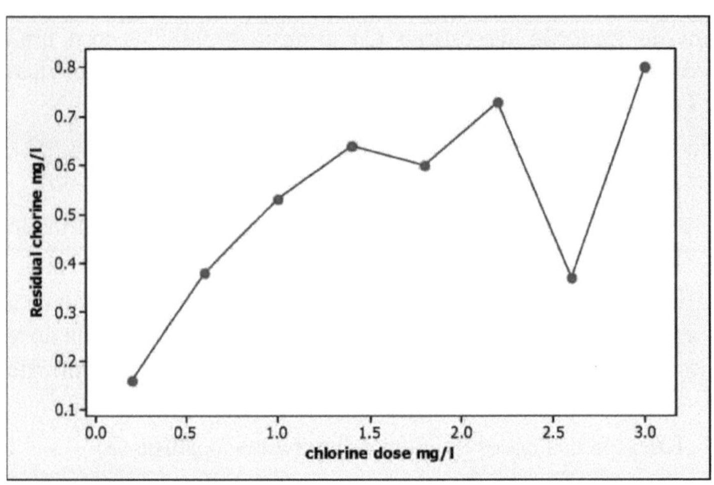

Figura III-37. Ponto de rutura do cloro para a estirpe (3)

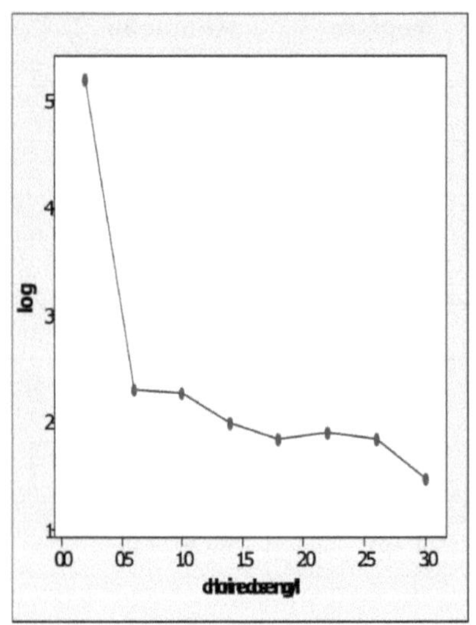

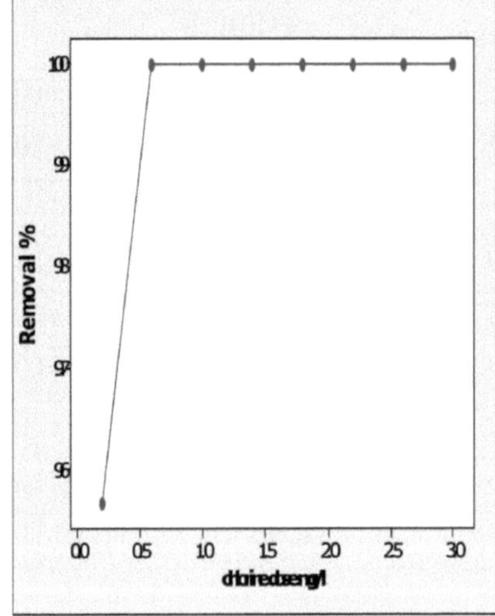

Figure III-38. Log counts of strain (3) using different conc. of chlorine

Figure III-39. Removal % of strain (3) using different conc. of chlorine

3.10.4. Necessidade de cloro para a inativação de *L. pneumophila*

A contagem inicial de *L. pneumophila* ATCC 33152 foi de 9,0x10^5 CFU/ml antes da exposição a qualquer dose de cloro. *A L. pneumophila* foi exposta às seguintes concentrações de cloro; 0,2, 0,6, 1,0, 1,4, 1,8, 2,2, 2,6 e 3,0 mg/l à temperatura do laboratório durante um tempo de contacto fixo de 10 min (Tabela III-42).

A percentagem de remoção de *L. pneumophila* atingiu 99,9914 % com uma redução de cerca de mais de 4 log com uma dose de cloro de 1,4 mg/l e cloro residual de 0,18 mg/l (Tabela III-42 e Figura III-42).

A contagem logarítmica CFU/ml de *L. pneumophila* reduziu de 4,68 para 1,99 com doses de cloro de 0,2 e 3,0 mg/l, respetivamente (Tabela III-42 e Figura III-41).

A figura (III-39) mostra que o ponto de paragem do cloro foi determinado a uma dose de cloro de 1,0 mg/l e que o cloro residual era de 0,15 mg/l.

A análise estatística mostrou que a regressão (R^2) entre o cloro residual e a contagem de L. *pneumophila* foi de 29,5 %, o que significa que o aumento da dose de cloro e a diminuição da contagem de *L. pneumophila* foram inversamente proporcionais.

De um modo geral, pode concluir-se que, comparando o ponto de rutura (a dose óptima de cloro necessária para dar um elevado efeito de erradicação da estirpe) de três *E. coli* O157:H7 e L. *pneumophila* testadas. Verificou-se que o ponto de rutura das estirpes (1), (2) e (3) e da L. *pneumophila* se situava na dose de cloro de 1 mg/l, 0,6 mg/l e 1,8 mg/l e 1 mg/l, respetivamente.

Tabela III-42. Eficácia das doses de cloro adicionadas a *L. pneumophila* ATCC 33152

Cloro (mg/l)		Contagens bacterianas (CFU/ml)		
cloro Dose	Corina residual	Contagens	registo	% de inativação
0.0	0.00	3.5×10^6	6.54	0.00
0.2	0.08	4.8×10^4	4.68	98.62
0.6	0.15	4.5×10^2	2.65	99.9871
1.0	0.15	4.0×10^2	2.60	99.9885
1.4	0.18	3.0×10^2	2.48	99.9914
1.8	0.23	2.0×10^2	2.30	99.9942
2.2	0.29	2.8×10^2	2.45	99.9920
2.6	0.40	1.2×10^2	2.08	99.9965
3.0	0.48	9.8×10	1.99	99.9972

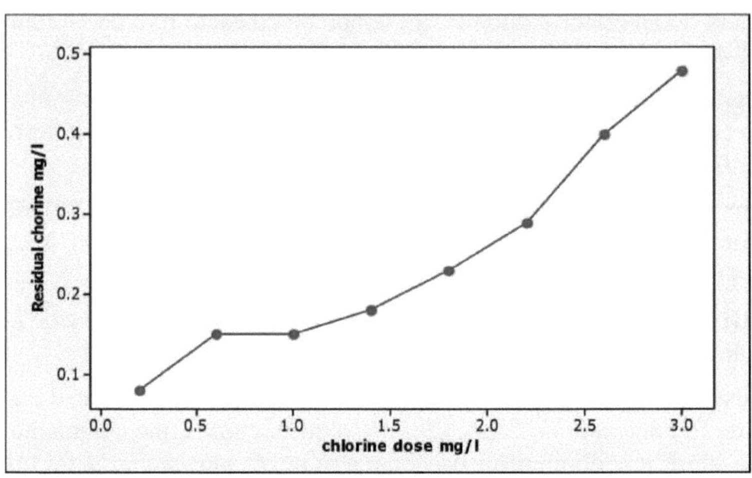

Figura III-40. Ponto de paragem do cloro para *L. pneumophila*

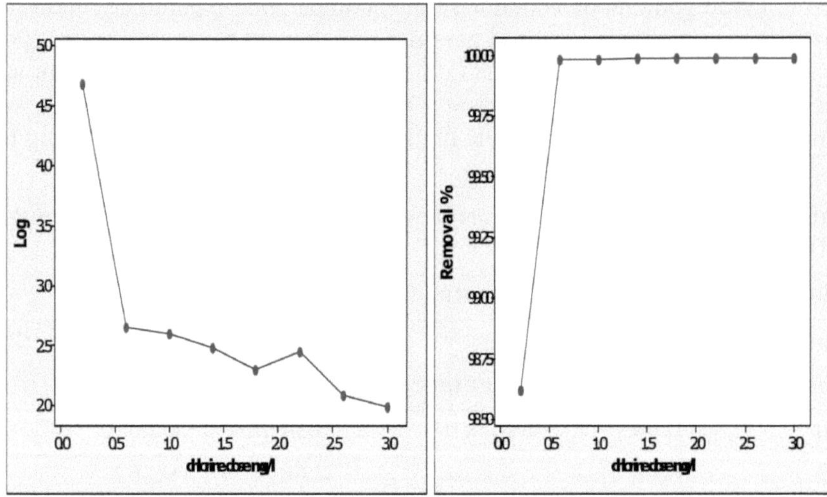

Figure III-41. Log counts of *L. pneumophila* using different conc. of chlorine

Figure III-42. Removal % of *L. pneumophila* using different conc. of chlorine

IV. Discussão

Os agentes patogénicos transmitidos pela água continuam a ser um fator de risco crítico na água em todo o mundo, sendo os esgotos municipais a principal fonte de passagem de agentes patogénicos para as águas superficiais **(Irvine *et al.,* 1995)**. *A E. coli* O157:H7 é um agente patogénico de origem hídrica que emergiu como uma das principais causas de HC e é transmitida aos seres humanos através dos alimentos ou da água, podendo também causar HUS principalmente através da secreção de toxinas shiga codificadas pelos genes de virulência *stx1* e/ou *stx2* e outras variantes **(Bidet *et al.,* 2005)**. A dose infecciosa humana é muito baixa, e a ingestão de quantidades tão pequenas como 10 células é suficiente para causar doença **(Chart, 2000)**.

A Legionella spp. é um dos principais agentes causadores de pneumonia grave e típica, particularmente em pessoas imunocomprometidas **(Benson e Fields, 1998)**. *Legionella spp.* tem sido isolada de uma grande variedade de tipos de água, tais como água potável de hospitais, indústrias e hotéis, águas subterrâneas e superficiais, água doce e biofilmes **(Fields *et al.,* 2002; Carvalho *et al.,* 2007)**.

H. pylori, uma causa da úlcera péptica e do cancro gástrico **(Dunn *et al.,* 1997; Van Duynhoven e de Jonge, 2001; Ahmed, 2006)**, *H. pylori* está a ser provado como um agente patogénico transmitido pela água **(Brown, 2000; Bunn *et al.,* 2002; Cellini *et al.,* 2004)**. As investigações mostraram que as infecções por *H. pylori* estão intimamente relacionadas com a qualidade da água potável **(Nurgalieva *et al.,* 2002; Reavis, 2005; Ahmed *et al.,* 2007)**. Verificou-se, em especial, que o consumo de água de poço não tratada é uma das principais fontes de infeção por *H. pylori* **(Baker e Hegarty, 2001; Karita *et al.,* 2003; Krumbiegel *et al.,* 2004)**.

Este estudo foi realizado para detetar *E. coli* O157:H7, *Legionella* spp. e *H. pylori*, para além dos indicadores bacterianos tradicionais, como medida da qualidade microbiana das águas subterrâneas, da água do mar, da água do rio Nilo, do esgoto de El-Rahawy e das águas residuais hospitalares no Egipto.

Foram utilizados métodos de cultura e PCR para comparar a sensibilidade e a fiabilidade de cada método. Concentrámo-nos principalmente na *E. coli* O157:H7 porque é um agente patogénico amplamente disseminado na água, além disso, a dose infecciosa humana é muito baixa (10 CFU) e a sua capacidade de sobrevivência na água é longa. A sensibilidade e a especificidade na deteção de *E. coli* O157:H7 são necessárias para avaliar os riscos para a saúde pública. Assim, no presente estudo, a sensibilidade da PCR multiplex foi avaliada após uma etapa de enriquecimento de 24 horas em TSB e depois lavada três vezes em PBS, utilizando uma diluição em série da estirpe de referência de *E. coli* O157:H7 ATCC 35150 para determinar a contagem mais baixa detetável. A etapa de enriquecimento é muito útil não só na experiência do limite de deteção, mas também na deteção direta de *E. coli* O157:H7 a partir de amostras de água, o que se deve ao facto de os inibidores presentes nas amostras de água ambiental serem diluídos e o crescimento bacteriano aumentar o número de cópias do organismo-alvo **(Campbell *el al.*, 2001 e Hejinen e Medema, 2006)**. Neste estudo, o limite de deteção de *E. coli* O157:H7 por PCR multiplex foi de 100 CFU/ml. **Campbell *et al.* (2001)** referiram que os limites de deteção de *E. coli* O157:H7 por PCR multiplex eram de 1 UFC/ml em água potável e 2 UFC/g no solo. **Al-Ajmi *et al.* (2006)** utilizaram um conjunto de três iniciadores para a deteção do gene de síntese do antigénio O do lipopolissacárido O157 (*rfbE*), da *β-glucuronidase* (*uidA*) e do gene H7 *fliC* por PCR multiplex. Os autores referiram que este conjunto de iniciadores e a PCR multiplex têm uma elevada sensibilidade e especificidade para determinar a *E. coli* O157:H7 e O157: NM. Em França, **Bertrand e Roig (2007)** utilizaram um ensaio PCR específico e sensível baseado no gene *rfbE* para detetar níveis baixos de *E. coli* O157:H7 em águas residuais. Verificaram que o ensaio de amplificação detectava 200 CFU de *E. coli* O157:H7 em água pura. **Bai *et al.* (2010)** utilizaram os mesmos seis primers (utilizados neste estudo) e acrescentaram que os testes de sensibilidade mostraram que o procedimento amplificou os genes de uma amostra fecal com um mínimo de 104 CFU/g (10 CFU/reação) de *E. coli O157*:H7. Após um período de enriquecimento de 6 horas de amostras com *E. coli* O157:H7, foi atingido um nível de sensibilidade de 10 CFU/g. No presente estudo, a PCR multiplex foi específica para a *E. coli* O157:H7 ATCC 35150, tendo sido detectadas bandas positivas em comparação com muitas estirpes bacterianas testadas: *E. coli* ATCC 25922, *Enterobacter cloacae*, *Klebsiella pneumonia*, *Proteus mirabilis*, *Listeria monocytogenes* ATCC 25152, *Salmonella* Typhimurium ATCC 14028, *Pseudomonas aeruginosa*, *Staphylococcus aureus* e *E. coli*, que apresentaram bandas negativas.

As cargas bacterianas em diferentes tipos de água são interessantes para aqueles que se preocupam com a saúde pública, uma vez que níveis elevados de bactérias estão frequentemente associados a níveis elevados de organismos patogénicos para o homem **(USEPA, 1986)**. Como resultado, a USEPA, a OMS e outras agências desenvolveram normas para a água potável acabada e para as águas de recreio, com o objetivo de proteger a saúde humana. Quatro tipos diferentes de bactérias são normalmente utilizados como indicadores microbianos da qualidade da água: TC, FC, FS e bactérias *E. coli* **(APHA, 2011)**. Além disso, a contagem de TVBC é comummente utilizada como indicador da qualidade microbiológica global **(OMS, 2002; APHA, 2011)**. Para garantir a ausência de agentes patogénicos entéricos, é necessária a contagem de organismos indicadores adequados. Existe ainda alguma controvérsia quanto ao grupo de organismos mais adequado, mas foi sugerido o TC, FC e *E. coli.*

No Egipto, a principal fonte de água é o rio Nilo. A outra fonte de água doce é a água subterrânea, que representa cerca de 20% dos recursos de água doce disponíveis no país, mas a água subterrânea pode ser considerada como um dos nossos recursos escondidos e inestimáveis **(USEPA, 1992)**. Trata-se de um recurso frágil. A sua pureza e disponibilidade são frequentemente tidas como garantidas. Mas o facto é que as águas subterrâneas podem estar expostas a muitos perigos.

Neste estudo, as amostras de águas subterrâneas não tratadas recolhidas na província de New Valley, 16 das 40 (40%) amostras de águas subterrâneas recolhidas duas vezes em 20 poços não cumpriam a **norma egípcia (2007)** para a água potável, devido a contagens totais de bactérias viáveis (TVBC) elevadas (mais de 50 CFU/ml) e à presença de coliformes totais (TC) em 3 amostras de poços. A ocorrência de contagens elevadas de TVBC nas 16 amostras de águas subterrâneas pode dever-se à presença de micróbios naturais no solo circundante e também ao facto de estas amostras terem sido recolhidas diretamente do poço sem tratamento. *A E. coli* O157:H7 não foi detectada nem pelo método de cultura nem por PCR. Além disso, *Legionella* spp. e *H. pylori* não foram detectadas por métodos de cultura em nenhuma água subterrânea recolhida na província de New Valley, o que pode ser atribuído à elevada profundidade dos poços examinados (cerca de 1000 m); estes poços situados no deserto ocidental são considerados como ambiente virgem, além de que a maior parte da província estava coberta por redes de esgotos.

No presente estudo, foram recolhidas quatro vezes amostras de águas subterrâneas tratadas de 10 poços, na província de Qalyubia, em conformidade com a **norma egípcia (2007)** para a água potável, uma vez que o CBTV foi (inferior a 50 UFC/ml) em todas as amostras de água de poço, e as amostras também não continham CT, FC e FS. Além disso, *E. coli* O157:H7, *Legionella* spp. e *H. pylori* não foram detectadas em nenhuma das amostras recolhidas. A aceitação da água de poço recolhida na província de Qalyubia para fins domésticos pode ser atribuída ao facto de a água bombeada dos poços ser sujeita a tratamento por três vezes de filtração em areia seguida de cloração antes do consumo. A profundidade destes poços era de cerca de 100 m.

A contaminação das águas subterrâneas, utilizadas para beber, por agentes patogénicos é a mais comum (**Matthess *et al.*, 1885; Alekseev, 2003**). 20-25% de todas as fontes de água subterrânea (poços de captação de água) nos EUA estão contaminadas por microrganismos patogénicos, tendo sido registados mais de 100 tipos de vírus (**Matthess *et al.*, 1985**).

USAID (2007) relatou que o aquífero em New Valley Governorate, Egipto, tem até 4000 m de espessura e estende-se até 2000 m abaixo do nível do mar no Oásis de Kharga e até 500-1000 m abaixo do nível do mar no Oásis de Dakhla. As águas subterrâneas dos poços de abastecimento potável no Novo Vale cumprem geralmente todas as normas egípcias de qualidade da água, exceto as relativas ao ferro e ao manganês. Resultados semelhantes foram registados por **Soliman (2012)**, que descobriu que 3 de 22 (14%) amostras de água de poços recolhidas no Oásis de El Bahriya, no Egipto, têm uma contagem elevada de TVBC.

Schets *et al.* (2005) examinaram 144 abastecimentos privados de água nos Países Baixos relativamente à qualidade microbiológica e, adicionalmente, à ocorrência de *E. coli* O157:H7 utilizando meios de sorbitol MacConky. Concluíram que 11% das amostras continham indicadores fecais. Enquanto que *a E. coli O157*:H7 foi isolada de 2,7% das amostras que cumpriam a norma relativa à água potável; revelaram que os resultados positivos de *E. coli* O157 se localizavam em locais de acampamento em áreas agrícolas com grandes densidades de pastores.

Abdulla *et al.* (2003) encontraram uma carga elevada de CBT e algumas bactérias patogénicas (*Salmonella* spp. e *Vibrio* spp.) na água de poços da cidade de Santa Catarina, no sul do Sinai. Katherine, no sul do Sinai. Concluíram que o CBTV variava entre 1,0x10 e 7,0x10 UFC/ml, além de que a presença de um elevado número de bactérias patogénicas se devia à passagem direta através de uma ampla abertura de fratura no granito sem filtração.

A água do mar representa o habitat de muitos microrganismos, alguns dos quais têm características patogénicas. Estes agentes patogénicos foram considerados como agentes etiológicos de doenças infecciosas para o homem e os mamíferos marinhos (**Baker-Austin *et al.*, 2006**). A monitorização e a avaliação da qualidade da água do mar e das praias são consideradas partes vitais de qualquer programa de gestão costeira integrada (**Afifi *et al.*, 2000**).

O principal critério para avaliar o risco potencial para a saúde da água do mar de recreio para os nadadores é a densidade de bactérias indicadoras. Embora as bactérias indicadoras não causem doenças, são abundantes nos resíduos humanos, onde os organismos patogénicos, CT, FC e FS são mais frequentemente utilizados como indicadores de contaminação fecal.

Neste estudo, o indicador bacteriano e as bactérias patogénicas seleccionadas foram determinados em 15 amostras de água do mar recolhidas na província de Marsa-Matroha em junho de 2010. As contagens médias de TVBC a 37 e 22° C foram $9,2 \times 10^2$ e $1,4 \times 10^3$ CFU/ml, respetivamente. Por outro lado, não foram detectados TC, FC, FS, *E. coli* O157:H7, *Legionella* spp. e *H. pylori*. As elevadas contagens de CBT nestas amostras revelaram que a água do mar na província de Marsa-Matroh é utilizada para fins recreativos, especialmente no verão, altura em que a atividade humana aumenta. De acordo com **Patra *et al.* (2009), as contagens** elevadas das amostras de água do mar podem dever-se ao aumento das actividades humanas na zona costeira próxima.

A ausência de TC, FC, FS e as três bactérias patogénicas seleccionadas não foram detectadas na água do mar, na província de Marsa-Matroha, pode dever-se a várias razões: a província de Marsa-Matroh está coberta por um sistema de esgotos, para além da elevada salinidade da água do mar. **Gabutti *et al.* (2000)** referiram que a FC é uma bactéria sensível à salinidade. Além disso, **Davies *et al.* (1995); Thomas *et al.* (1999)** referiram que a elevada salinidade da água do mar actua como fator de stress para muitos organismos. Além disso, **Sabae (2006)** examinou mensalmente 144 amostras de água de 12 locais do Lago Bardawil, no Mar Mediterrâneo. Os seus resultados mostraram que o TVBC variava entre $1,2 \times 10^6$ e $8,0 \times 10^8$ CFU/ml e que o TC, FC e FS se encontravam em níveis aceitáveis na maioria das estações e meses, de acordo com as normas de orientação egípcias e europeias.

A água do Ramal da Rossita serve para uma vasta gama de funções, incluindo o abastecimento de água agrícola, industrial e doméstico. Além disso, este braço é afetado pelos drenos agrícolas localizados ao longo dos seus lados, um dos quais é o dreno de El-Rahawy. O esgoto de EL-Rahawy não é apenas considerado um esgoto agrícola, mas também recebe água doméstica. Os emissários industriais são as empresas El-Maliya, Mobidat e Salt and Soda, que descarregam diretamente na margem leste do ramal. Estas duas fontes de poluição afectam potencialmente e deterioram a qualidade da água **(Donia, 2005; EPADP, 2008)**.

No presente estudo, foram recolhidas 50 amostras de água do Ramal da Rossita ao longo de cerca de um quilómetro. Os resultados dos indicadores bacterianos (TVBC, TC, FC e FS) indicaram que os valores mínimos foram observados antes do ponto de mistura com o esgoto de El-Rahawy. Por outro lado, os valores máximos foram observados no ponto de mistura com a rede de drenagem de El-Rahawy. Além disso, as contagens elevadas de *E. coli* O157:H7, *Legionella* spp. e *H. Pylori* foram detectadas no ponto de mistura com o sistema de drenagem de El-Rahawy, ao passo que as três bactérias patogénicas seleccionadas não foram detectadas antes do ponto de mistura com o sistema de drenagem de El-Rahawy.

No que diz respeito aos resultados de 20 amostras de água recolhidas em 4 locais distribuídos ao longo de cerca de 5 km de El-Rahway Drain, concluiu-se que as contagens médias de TVBC foram de $9,5x10^5$ e $1,5x10^6$ CFU/ml a 37 e 22° C, respetivamente. As contagens médias de TC, FC e FS foram de $2,2x10^5$, $1,2x10^5$ e $3,1x10^5$ MPN-index/100ml, respetivamente. As bactérias patogénicas foram detectadas em 20 das 20 amostras de água.

A partir dos resultados acima referidos, ficou claro que existia uma elevada incidência de carga microbiana ao longo do sistema de drenagem de El-Rahway e do rio Nilo (braço Rossita). Uma explicação possível é que o sistema de drenagem de El-Rahawy recebe águas residuais agrícolas dos campos circundantes da aldeia de El-Rahawy, além de receber uma grande quantidade de águas residuais tratadas das estações de tratamento primárias de Zenin e secundárias de Abou-Rawash do Grande Cairo, que descarregam diretamente no Ramo Rossita **(Ezzat *et al.*, 2012)**.

Os nossos resultados relativos ao indicador bacteriano estão de acordo com **Abdel-Wahab (2012) e Ezzat *et al.* (2012),** que examinaram os mesmos três locais ao longo do Ramal da Rossita (antes do ponto de mistura, ponto de mistura e depois do ponto de mistura com a Drenagem de El- Rahawy) durante 2010.

Apesar da crescente preocupação com a gestão dos resíduos hospitalares, pouca atenção tem sido dada às águas residuais geradas pelos hospitais, laboratórios de investigação médica e instituições de cuidados de saúde. Os hospitais consomem diariamente uma quantidade significativa de água, que varia entre 400 e 1200 l/dia **(CCLIN Paris-Nord, 1999)** e geram quantidades igualmente significativas de águas residuais contendo microrganismos, metais pesados, produtos químicos tóxicos e elementos radioactivos. Os resíduos hospitalares podem ser perigosos para o equilíbrio ecológico e para a saúde pública. Os resíduos patológicos, radioactivos, químicos, infecciosos e farmacêuticos, se não forem tratados, podem levar a surtos de doenças transmissíveis, epidemias de diarreia, contaminação da água e poluição radioactiva. As águas residuais dos hospitais contêm poluentes perigosos e requerem tratamento no local para evitar a contaminação do sistema de esgotos e dos rios da cidade **(Gautam *et al.*, 2007)**.

No presente estudo, os indicadores bacterianos e as bactérias patogénicas seleccionadas foram determinados em 10 amostras separadas de águas residuais recolhidas nos hospitais de El-Kasr El-Aini. Os resultados mostraram que os valores médios de TVBC a 37 e 22° C foram $6,4x10^4$ e

$5,9x10^4$ CFU/ml, respetivamente, enquanto os valores médios de TC, FC e FS foram $1,5x10^4$, $8,6x10^3$ e $6,2x10^2$ MPN- Index /100ml, respetivamente. Além disso, as contagens médias de *E. coli* O157:H7, *Legionella* spp. e *H. Pylori* foram de $3,6x10^2$, $2,1x10^3$ e $2,2x10^3$ CFU/100ml, respetivamente.

Neste estudo, os resultados das águas residuais hospitalares indicam a presença de uma elevada densidade de indicadores bacterianos e de algumas bactérias patogénicas. Parece que estas bactérias podem passar através das estações de tratamento de águas residuais e podem ser transferidas para as águas superficiais **(Blanch *et al.*, 2003)**. Sabe-se que as águas residuais hospitalares estão carregadas com um grande número de agentes patogénicos e bactérias oportunistas. Além disso, essas bactérias são resistentes a antibióticos importantes para a terapêutica devido à pressão selectiva dos produtos farmacêuticos **(Schwartz *et al.*, 2003)**. As concentrações de flora bacteriana nos efluentes hospitalares variam entre $2,4x10^3$ CFU/100ml e $3,0x10^5$ CFU/100ml **(Bernet e Fines, 2000)**. Estas concentrações são inferiores às 10^8 UFC/100ml geralmente presentes no sistema de esgotos municipal **(Metcalf e Eddy, 1991)**.

O TVBC e o TC em efluentes, derivados de 20 saídas de águas residuais hospitalares na cidade de Guangzhou, China, foram $2,0x10^8$ CFU/ml e $1,0x10^7$ CFU/100ml, respetivamente. Além disso, o número de grupos de *E. coli* excedeu severamente 500 CFU/100ml **(Lu e Xu, 2006)**. Enquanto **Sun *et al* (2006)** descobriram que as contagens de TVBC e FC em águas residuais hospitalares (hospital universitário médico) na cidade de Tianjin, China, variavam entre 10^5 e 10^7 CFU/ml e 10^5 e 10^7 CFU/100ml, respetivamente.

No Egipto, **Abdel El-Gawad e Ali (2011)** descobriram que o TVBC era de $2,0x10^8$ CFU/ml, o TC era de $3,7x10^7$ CFU/100ml e o FC era de $1,2x10^7$ CFU/100ml nas águas residuais dos hospitais governamentais ao longo das áreas de Nasr City e Down Town no Cairo durante o verão de 2010. Os seus resultados são semelhantes aos resultados obtidos noutros estudos **(Metcalf e Eddy, 2003; Mahvi *et al.*, 2009)**.

As doenças de origem hídrica podem ser atribuídas principalmente à contaminação da água com matéria fecal. Devido às dificuldades de monitorizar a água para todos os agentes patogénicos conhecidos que são transmitidos por vias aquáticas, a poluição microbiológica está confinada a bactérias indicadoras não patogénicas **(Polo *et al.*, 1998)**. A água é rotineiramente monitorizada para bactérias patogénicas; os métodos convencionais não estão isentos de algumas desvantagens. Em primeiro lugar, as bactérias patogénicas ocorrem normalmente em números reduzidos nas amostras de água, o que resulta em grandes erros na amostragem e enumeração. Em segundo lugar, as técnicas de cultura normalmente utilizadas para testar a presença de agentes patogénicos específicos na água são invariavelmente específicas para cada espécie, fastidiosas e demoradas. Em terceiro lugar, muitos organismos patogénicos no ambiente, embora viáveis, são difíceis de cultivar devido às suas necessidades nutricionais ou não são cultiváveis **(Yokomaku *et al.*, 2000)**. Além disso, a utilização de meios selectivos contendo compostos inibitórios para eliminar grupos indesejáveis pode também ser inibitória para as bactérias visadas que sofrem de stress ambiental **(Arroyo e Arroyo, 1996)**. Em contraste com o acima referido, nos métodos de PCR, as amostras que contêm os agentes patogénicos visados, particularmente os que são bactérias viáveis mas não cultiváveis, podem ser detectadas em poucas horas, em vez dos dias necessários nos métodos bioquímicos tradicionais **(McDaniels *et al.*, 1996)**.

Neste estudo, a deteção de algumas bactérias patogénicas (*E. coli* O157:H7, *Legionella* spp. e *H. pylori*) de diferentes tipos de água foi realizada para avaliar a presença ou ausência destas bactérias patogénicas na água. *A E. coli* O157:H7 foi detectada utilizando métodos de cultura e de PCR multiplex, enquanto *a Legionella* spp. e o *H. pylori* foram detectados utilizando métodos de cultura. Várias tentativas de detetar *Legionella* spp. e *H. pylori* utilizando primers específicos não tiveram êxito; isto pode dever-se à baixa sensibilidade dos primers seleccionados ou a falhas na otimização da condição.

Na presente investigação, *a E. coli* O157:H7 foi detectada em 57 (32%) e 60 (34%) por métodos culturais e PCR multiplex, respetivamente. A partir dos resultados da PCR multiplex, as caracterizações de seis genes de virulência (*flic, stx1, stx2, eae, rfbE* e *hly*) foram: 1 (0,5%), 18 (10%), 47 (26%), 47 (26%), 32 (18%) e 1 (0,5%) em 175 amostras de água, respetivamente. O gene de virulência mais dominante nas diferentes amostras de água foi o gene da intimina (*eae*) e o gene da toxina shiga 2 (*stx2*), seguido do gene do antigénio O157 (*rfbE*), do gene da toxina shiga 1 (*stx1*), do gene do antigénio flagelar (*flic*) e do gene da hemolisina (*hly*). Isto significa que a PCR multiplex é mais sensível do que os métodos de cultura; além disso, a PCR multiplex pode determinar o grau de virulência através da deteção de genes de virulência na *E. coli* O157:H7, mas os métodos de cultura não o podem fazer. Muitos autores, como **Campbell *et al.* (2001), Hejinen e Medema (2006) e Bai *et al.* (2010)**, referiram que a etapa de enriquecimento em meios de alto enriquecimento é muito útil para a deteção direta de *E. coli* O157:H7 a partir de amostras de água através de PCR multiplex, o que se deve ao facto de os inibidores presentes nas amostras de água ambiental serem diluídos e de o crescimento bacteriano aumentar o número de cópias do organismo-alvo. As PCR são concebidas para amplificar um único produto **(Fincher *et al.*, 2009)** ou para utilizar vários pares de iniciadores como parte de uma PCR multiplex **(Campbell *et al.*, 2001)**. A vantagem da PCR multiplex é que tem capacidade para detetar simultaneamente várias sequências do organismo alvo **(Osek, 2003; Duris *et al.*, 2009)**, para detetar várias espécies patogénicas numa única amostra **(Kong *et al.*, 2002)** ou para detetar factores de virulência críticos, por exemplo, *stx1* e *stx2*, que estão envolvidos na produção da toxina shiga, ou *eae*, que codifica a intimina a partir de amostras de água **(Garcia-Aljaro *et al.*, 2004; Quilliam *et al.*, 2011)**.

Neste estudo, os isolados suspeitos de *E. coli* O157:H7 (45) foram confirmados por PCR bioquímica e multiplex, tendo-se verificado que 42 dos 45 (93%) isolados foram confirmados como *E. coli* O157:H7 por testes bioquímicos e serológicos, enquanto 44 dos 45 (97%) isolados foram positivos por PCR multiplex. Isto significa que a PCR multiplex é mais sensível do que os testes bioquímicos e serológicos para a confirmação de isolados de *E. coli O157:H7*, o que pode ser atribuído ao facto de algumas *E. coli* O157:H7 darem resultados falsos negativos em ágar MacConkey Sorbitol (SMAC) por fermentarem lentamente o sorbitol. Além disso, os anti-soros O somáticos utilizados dão resultados falsos negativos devido ao seu baixo título (+1). Foram sugeridos muitos protocolos para o isolamento e a deteção da *E. coli* O157:H7 a partir de amostras alimentares, fecais e ambientais. Os métodos de cultura podem ser úteis para o isolamento de *E. coli* O157:H7. No entanto, a deteção de *E. coli* O157: H7 utilizando os métodos de cultura actuais é morosa e necessita de muitos meios e componentes suplementares **(Visetsripong *et al.*, 2007)**. O primeiro isolamento de *E. coli* O157: H- fermentadora de sorbitol (SF) foi registado durante um surto de SHU na Baviera, Alemanha, em 1988, e havia a possibilidade de obter resultados falsos através dos procedimentos clássicos de diagnóstico microbiológico baseados no rastreio com ágar sorbitol MacConkey **(Orth *et al.*, 2009)**. Atualmente, estão disponíveis vários procedimentos moleculares, como a PCR, para a deteção de genes específicos de *E. coli* O157:H7 **(Hsu *et al.*, 2005)**. Na PCR multiplex, a utilização de uma combinação de iniciadores para a deteção de vários genes elimina a possibilidade de falsos positivos, que podem surgir se estirpes não O157:H7 adquirirem um gene específico de O157:H7. Embora em algumas estirpes o antigénio de flagelo H7 imunorreativo não se expresse, o gene que codifica o antigénio de flagelo H7 continua presente no genoma, podendo conduzir a resultados falsos negativos **(Al-Ajmi *et al.*, 2006)**.

Campbell *et al.* (2001) relataram que a PCR multiplex direta capaz de detetar células viáveis e distinguir o serótipo O157:H7 foi utilizada para confirmar a presença de *E. coli* O157:H7 no solo e na água após a etapa de enriquecimento. **Bai *et al.* (2010)** utilizaram os mesmos seis primers (utilizados neste estudo) para testar 84 estirpes fecais de bovinos e 57 estirpes clínicas humanas de *E. coli* O157:H7 para detetar os seis genes seguintes. As 84 estirpes de bovinos diferiam apenas nos genes *stx1* e *stx2*, e todas possuíam os outros quatro genes. Entre as estirpes de bovinos, 28% tinham *stx2*, 26% tinham *stx1* e 28% tinham tanto *stx1* como *stx2*. Da mesma forma, todas as 57 estirpes humanas (100%) possuíam *fliC, eae, rfbE* e *hlyA* e diferiam em *stx1* e *stx2*. Das 57 estirpes humanas, 38% tinham tanto *stx1* como *stx2*, 60% tinham *stx2* e apenas 2% tinham apenas *stx1*. No mesmo estudo, tanto as estirpes bovinas como as humanas foram também testadas com uma aglutinação específica para o O157 (*rfbE*), seguida de dois procedimentos separados de PCR multiplex para os genes *fliC, stx1, stx2, eae* e *hlyA*.

No Egipto, **El-Safey (2001)** encontrou genes específicos da toxina tipo shiga (*stx1* e *stx2*), da intimina (*eaeA*) e da hemolisina enterohemorrágica de *E. coli* (*hlyA*) em cinco estirpes de *E. coli* O157:H7 isoladas de alimentos egípcios. **El- Jakee *et al.* (2009)** mencionaram que, de 14 estirpes de *E. coli* isoladas de diferentes fontes de água no Egipto e caracterizadas por PCR monoplex, 8 (57,1%) isolados transportavam o gene *stx1* e 4 (28,6%) possuíam o gene *stx2*. Os genes de virulência Intimin (*eae*), *fliCh7* e *hly* foram detectados em 3 (21,4%), enquanto o gene *hly* foi encontrado em 4 (28,6%) dos isolados.

Em França, **Bertrand e Roig (2007)** utilizaram um ensaio PCR específico e sensível baseado no gene *rfbE* para detetar níveis baixos de *E. coli* O157 em águas residuais. O conjunto de iniciadores utilizados foi concebido para amplificar um segmento intragénico do gene *rfbE*. Verificaram que a prevalência de *E. coli* O157 nos efluentes de 44 estações de tratamento de águas residuais era de (7%) das amostras testadas. Na Arábia Saudita, **Abulreesh (2011) verificou** que 2,5% de 400 amostras fecais de pombos eram positivas para *E. coli* produtora de toxina Shiga. Neste estudo, as análises das sequências de *E. coli* O157:H7 positivas por PCR, utilizando a pesquisa Blast, mostraram que os isolados locais egípcios estão estreitamente relacionados com as estirpes de *E. coli* O157:H7 no banco de genes, com os números de acesso (NZ KB 453139.1) e (NZ DS 571135.1), com um elevado grau de homologia entre 94% e 100%, o que significa que estas estirpes são as mais estreitamente relacionadas com a água do rio Nilo e do sistema de drenagem de El-Rahawy. O gene *rfbE* da *E. coli* O157 (antigénio O) foi selecionado para sequenciação porque foi o gene detectado com maior frequência, além de ser específico das células somáticas da *E. coli* O157. Este gene foi identificado como um bom marcador porque é transcrito em todas as fases de crescimento, desde a fase exponencial inicial até à fase estacionária tardia **(Wang *et al.*, 2000)**. Além disso, o gene *rfbE* de *E. coli* O157 codifica o LPS de O157 e, por conseguinte, é exclusivo do serogrupo de *E. coli* O157 **(Wang e Doyle, 1998)**.

Neste estudo, é importante mencionar que *Legionella* spp. e *H. pylori* foram detectados por métodos de cultura (ágar BCYE suplementado com CCVC e ágar Columbia para *Legionella* spp e *H. pylori*, respetivamente), e as colónias suspeitas foram confirmadas por testes bioquímicos, além disso *Legionella* spp. foram confirmadas por fluorescência branca azulada sob UV a 365 nm. Os resultados mostraram que *a Legionella spp.* não foi detectada nas águas subterrâneas e na água do mar. No entanto, foi detectada em 36% das amostras de água do rio Nilo, em 80% das amostras de água do esgoto de El-Rahawy e em 100% das amostras de águas residuais hospitalares. As contagens médias de *Legionella* spp. foram de $3,3\text{x}10^2$, $2,5\text{x}10^3$ e $2,1\text{x}10^3$ CFU/100ml, respetivamente. As elevadas contagens de *Legionella spp.* neste estudo revelaram que a maioria dos agentes patogénicos transmitidos pela água provêm de resíduos fecais animais e humanos. *A Legionella spp.* ocorre naturalmente na água e pode multiplicar-se em resposta a alterações ambientais. No entanto, *a Legionella spp.* protege-se do stress ambiental e sobrevive durante muito tempo em diferentes fontes de água. A capacidade de sobrevivência da *Legionella* spp. na água foi atribuída à sua capacidade de infetar um total de 13 espécies de amebas e duas espécies de protozoários ciliados **(Fields, 1996)**. *A Legionella* pode também multiplicar-se intracelularmente em hospedeiros protozoários **(Vandenesch *et al.*, 1990)**. Foi demonstrado que as estirpes de *Legionella* que se multiplicam em protozoários são mais virulentas, possivelmente devido ao aumento do número de bactérias **(Kramer e Ford, 1994)**.

Muitos investigadores indicaram que o método de cultura utilizado para a deteção de *Legionella* spp. a partir de fontes ambientais deu origem a uma baixa eficiência da recuperação quando comparado com os métodos moleculares **(Atlas, 1999)**. Foram apresentadas várias razões, tais como os meios de laboratório, o stress dos pré-tratamentos térmicos e ácidos, a suscetibilidade aos antibióticos, o crescimento excessivo de microrganismos naturais, a presença de VBNC (células viáveis mas não cultiváveis) e o choque de nutrientes **(Paszko-Kolva *et al.*, 1993)**. Além disso, outro estudo efectuado por **States *et al.* (1987)** não conseguiu recuperar *Legionella* spp. em sistemas municipais de água potável, apesar da utilização de várias técnicas de isolamento. Acreditavam que as células *de Legionella* poderiam estar feridas ou inactivadas pela presença de cloro residual no sistema de distribuição. Embora as técnicas moleculares possam resolver os problemas mencionados para a recuperação de *Legionella spp.* nas amostras ambientais, o método cultural continua a ser o método padrão dourado para a identificação de *Legionella* spp. Além disso, o CDC sugere que a cultura ambiental de rotina do abastecimento de água do hospital para *Legionella* spp. é uma estratégia importante na prevenção da legionelose nosocomial e o método de cultura é o método que pode detetar os organismos viáveis **(Sabria, 2004)**.

O método de cultura é o padrão de ouro para detetar *Legionella* spp. em amostras clínicas e ambientais. A sensibilidade da cultura é de aproximadamente 70% **(Brenner *et al.*, 1984; OSHA, 2001)**. Há muitas razões para a baixa sensibilidade dos métodos de cultura (1) *A Legionella* spp. torna-se VBNC sob condições de stress nas amostras de água (2) O número de *Legionella* spp. pode ser baixo, não podendo ser concentrado num volume definido de amostras de água. (3) não existe um meio de enriquecimento seletivo para *Legionella* spp. para aumentar o crescimento destas formas inactivas em amostras ambientais **(Paszko-Kolva *et al.*, 1993; Yamamoto, 1996)**.

Wojcik-Fatla1 *et al.* (2012) examinaram 35 amostras de água quente da torneira de um sistema municipal urbano de abastecimento de água e 5 amostras de água fria de poço, tendo verificado que 62% das amostras eram positivas para *Legionella* spp. utilizando ágar BCYE. Para além disso, **Jomkumsing (2003)** examinou cento e sessenta e nove amostras de água da torneira e de zaragatoas recolhidas em hotéis, hospitais, centros comerciais, Faculdade de Saúde Pública e águas superficiais de rios e canais na Tailândia. Verificou que 2,4% das amostras de água testadas eram positivas para *L. pneumophila* através de métodos de cultura. Além disso, **Buchbinder *et al.* (2002)** examinaram cem amostras de água (32 de unidades clínicas e 68 de casas particulares). Verificaram que 35% das amostras de água eram positivas por métodos de cultura (22 *L. pneumophila*; 2 espécies *não-pneumophila*) utilizando ágar BCYE. Além disso, **Tishyadhigma *et al.* (1995)** referiram que *a Legionella* spp. foi detectada em 9,6% das amostras de rios, 1,4% das amostras de canais e 8,7% das amostras de lagos através de métodos de cultura.

Até à data, não existe um método padrão para a deteção de *H. pylori* em amostras ambientais. A utilização de métodos não normalizados complica os estudos de comparação; além disso, a exatidão dos resultados varia de acordo com a sensibilidade e a especificidade dos métodos de deteção utilizados. Os resultados do presente estudo mostram que *a H. pylori* não foi detectada em águas subterrâneas nem em água do mar. Foi detectado em 66% das amostras de água do rio Nilo, em 100% das amostras de água do sistema de drenagem de El-Rahawy e em 60% das amostras de águas residuais hospitalares. As contagens médias de *H. pylori* foram de $2,7 \times 10^2$, $3,1 \times 10^3$ e $2,2 \times 10^2$ CFU/100ml, respetivamente. A presença de *H. pylori* foi de 33% nas amostras de água recolhidas utilizando o método de cultura. A presença de *H. pylori* no rio Nilo, no esgoto de El-Rahawy e nas águas residuais hospitalares pode ser atribuída à elevada prevalência de infeção por *H. pylori* na população egípcia, que atingiu 90% **(WGO, 2010)**. Outra explicação possível é o facto de a drenagem de El-Rahawy receber uma grande quantidade de águas residuais primárias tratadas de Zenin e de águas residuais secundárias tratadas da estação de tratamento de águas residuais de Abou-Rawash. Ambas tratam as águas residuais municipais do Grande Cairo, descarregando-as diretamente no rio Nilo (ramo Rossita). Além disso, *a H. pylori* tem a capacidade de se transformar de forma espiralada em cocóide quando chega à água para se proteger. Muitos estudos explicaram o mecanismo de modificação da forma da *H. pylori* de espiral para cocóide como um mecanismo de proteção contra a exposição a condições sub-óptimas. Estas provas apontam para a capacidade da *H. pylori* de se adaptar a um ambiente gástrico não humano quando chega ao ambiente aquático **(Cole *et al.*, 1999; Nilsson *et al.*, 2002)**. Foram utilizados vários meios para o isolamento de *H. pylori*, que não é extremamente exigente e é muito sensível ao oxigénio, uma vez que é um microaerófilo, e requer um período de incubação de 3 a 5 dias **(Goodwin e Armstrong, 1990)**. O ágar Columbia é considerado um meio adequado para a deteção de *H. pylor*. O ágar Columbia é uma base que contém os antimicrobianos vancomicina, anfotericina B, trimetoprim e cefsulodina para inibir a flora contaminante sem perda de recuperação do *H. pylori* **(Dent e McNulty, 1988)**. A concentração de cefsulodina foi aumentada para melhorar a inibição da flora contaminante **(Stevenson *et al.*, 2000)**.

Muitos estudos têm ilustrado o sucesso na deteção de *H. pylori* na água, incluindo água potável com cloro **(Krumbiegel *et al.*, 2004; Queralt *et al.*, 2005; Bragança *et al.*, 2007)**. Recentemente, a água desempenha um papel importante na infeção por *H. pylori*, pelo que se propõe que a água seja um veículo provável para a transmissão de *H. pylori*. Além disso, alguns estudos destacaram a presença de *H. pylori* na água, desde água de esgoto altamente poluída com fezes até água da torneira **(Sasaki *et al.*, 1999; Park *et al.*, 2001; Brown *et al.*, 2002; Queralt *et al.*, 2005; Ahmed *et al.*, 2006; Ahmed *et al.*, 2007; Moreno *et al.*, 2007)**. *A H. pylori* foi encontrada associada às fezes e parece estar correlacionada com a extensão da contaminação fecal **(Queralt *et al.*, 2005)**. No entanto, *a H. pylori* também está presente em amostras aquáticas que apresentam resultados negativos relativamente à contaminação fecal **(Cellini *et al.*, 2004; Carbone *et al.*, 2005; Voytek *et al.*, 2005)**. Verificou-se que este organismo sobrevive na água do rio durante vários meses numa forma cocóide que é VBNC **(Brown, 2000; Adams *et al.*, 2003)**.

As relações entre as bactérias indicadoras e os agentes patogénicos não são perfeitas (**Harwood** *et al.,* **2005**). Os indicadores têm características de persistência e transporte diferentes das das bactérias patogénicas, e os indicadores e os agentes patogénicos presentes simultaneamente na água podem ter origens diferentes (**Griffin** *et al.,* **1999; Scott** *et al.,* **2002; Whitman** *et al.,* **2003; Mazari-Hiriart** *et al.,* **2005**). Consequentemente, não existe claramente um indicador que possa ser adequado para todos os agentes patogénicos em todos os ambientes aquáticos (**Payment** *et al.,* **2003; Whitman** *et al.,* **2003; Colford** *et al.,* **2007; Graczyk** *et al.,* **2007; Yates, 2007**). A correlação entre a presença de indicadores bacterianos e a presença de agentes patogénicos foi baixa (**Horman** *et al.,* **2004; Savichtcheva e Okabe, 2006**). Como resultado, nenhum dos indicadores bacterianos atualmente utilizados satisfaz todos os critérios estabelecidos para a qualidade da água. Assim, em certos casos, como o das águas de consumo ou balneares, a análise direta de agentes patogénicos específicos de interesse é considerada uma alternativa adequada. Além disso, **Bitton (2005)** referiu que existe uma fraca relação entre alguns indicadores e os agentes patogénicos ou parasitas que supostamente representam. Acrescentou ainda que, provavelmente, não existe um microrganismo indicador ideal universal que preencha todos os critérios anteriormente descritos e que funcione para todos os agentes patogénicos em todas as circunstâncias.

Nesta investigação, a análise estatística mostrou que existem diferenças nas correlações, quer positivas quer negativas, e que a significância varia muito, dependendo dos tipos de água, entre os agentes patogénicos testados e os indicadores bacterianos, com diferentes variedades de significância em diferentes tipos de água. Isto significa que não existe uma relação clara e fixa entre a presença de agentes patogénicos e o indicador bacteriano. Pode concluir-se que a deteção e o controlo periódico de todos os agentes patogénicos, em paralelo com os indicadores bacterianos de rotina, é uma obrigação.

Sudhanandh *et al.* **(2012)**, centraram-se na compreensão da possível relação entre a densidade dos indicadores fecais e a presença de agentes patogénicos bacterianos entéricos. Recomendaram que, para além dos indicadores tradicionais na água do mar costeira, é necessária a deteção de agentes patogénicos bacterianos entéricos. **Wilkesa** *et al.* **(2009)** concluíram que as relações entre as bactérias indicadoras e os agentes patogénicos eram, de um modo geral, fracas, mas todas as associações significativas estavam numa direção positiva (indicador mais elevado quando o agente patogénico está presente). **Patra** *et al.* **(2009)**, na sua análise estatística, encontraram uma correlação positiva significativa entre os indicadores bacterianos e as bactérias patogénicas (*E. coli* patogénica, *Shigella, Salmonella*, vibrião total, *V. cholerae* e *p. aeruginosa*). Por outro lado, **Schets** *et al.* **(2005)** verificaram que o cumprimento das normas de qualidade microbiológica obtidas na monitorização de rotina nem sempre garante a ausência de agentes patogénicos. A presença de agentes patogénicos, como a *E. coli* O157, pode sugerir possíveis consequências para a saúde; no entanto, deve ser realizado um processo de avaliação dos riscos, como a monitorização dos parâmetros indicadores fecais e dos agentes patogénicos.

A propagação de múltiplas bactérias patogénicas resistentes aos antimicrobianos foi reconhecida pela **OMS (2003)** como um grave problema de saúde humana e animal a nível mundial. Quando o estrume produzido na agricultura é aplicado no solo, poluentes como os compostos antimicrobianos, as bactérias resistentes ou os genes de resistência concentram-se e mobilizam-se no solo e acabam frequentemente nas águas subterrâneas ou superficiais através do escoamento superficial **(Hirsch *et al.*, 1999; Chee-Sanford *et al.*, 2001; Pedersen *et al.*, 2003; Duriez e Topp, 2007; Ribeiro *et al.*, 2012)**. O desenvolvimento da resistência bacteriana aos antimicrobianos não é um fenómeno inesperado nem novo, o que leva à emergência de novos fenótipos de resistência em muitos agentes patogénicos bacterianos e mesmo em organismos comuns **(OIE, 2008)**. *A E. coli* O157:H7 pode causar HUS principalmente através da secreção de toxinas shiga codificadas pelos genes *stx1* e/ou *stx2* e variantes **(Karmali, 1989; Pierard *et al.*, 1998)**. Alguns antibióticos podem provocar a lise bacteriana e libertar as toxinas shiga livres (stx) no trato intestinal **(Wong *et al.*, 2000)** e aumentar a expressão dos genes das toxinas shiga (*Stx*). O tratamento com antibióticos está contraindicado nas infecções humanas por *E. coli* O157:H7, porque certos antibióticos, como as fluoroquinolonas, induzem bacteriófagos codificadores da toxina Shiga in vivo e levam a um aumento da expressão dos genes da toxina Shiga. Os antibióticos também podem causar lise bacteriana, o que poderia aumentar a toxina Shiga livre no trato intestinal **(Zhang *et al.*, 2000)**. A resistência antimicrobiana é um fenómeno natural que as bactérias utilizam para se protegerem dos seus concorrentes **(Kümmerer, 2004)**. O abuso e a má utilização de antibióticos na medicina e na agricultura influenciaram a frequência e a propagação de bactérias resistentes aos antibióticos em muitos ambientes aquáticos **(Laroche *et al.*, 2010; Ribeiro *et al.*, 2012)**.

No presente estudo, todos os isolados de *E. coli* O157:H7 (44) foram considerados resistentes à amoxicilina (100%), claritomicina (77%), estreptomicina (11%) e tetraciclina (7%). Além disso, os isolados de *E. coli* O157:H7 mostraram sensibilidade à ciprofloxacina (100%), à tetraciclina (93%) e à cefaxima (86%). **Maal-Bared *et al.* (2013)** descobriram que a frequência de resistência de *E. coli* e *E. coli* O157 à ampicilina, cefotaxima, ácido nalidíxico e tetraciclina era significativamente diferente entre os locais de amostragem. Além disso, **Edge e Hill (2005)** registaram baixos níveis de resistência à ciprofloxacina. Por outro lado, esperavam-se níveis elevados de resistência à ampicilina devido ao facto de a ampicilina ser um antibiótico mais antigo que tem sido amplamente utilizado ao longo dos anos **(Rooklidge, 2004)**.

Neste estudo, as diferenças entre a estirpe de referência *E. coli* O157:H7 ATCC 35150 e os isolados ambientais foram demonstradas na sensibilidade à estreptomicina, enquanto a estirpe ATCC era sensível à estreptomicina; os isolados ambientais eram intermédios (75%) à estreptomicina. Em muitos estudos, **Edge e Hill (2005); Watkinson *et al.* (2007)** concluíram que a resistência antimicrobiana de *E. coli* isolada da água a uma variedade de antibióticos foi demonstrada. Além disso, foi registado o isolamento de *E. coli* O157 resistente a partir de bacias hidrográficas de utilização múltipla **(Hamelin *et al.*, 2007)**. A frequência de resistência foi mais elevada à tetraciclina, seguida da ampicilina e da estreptomicina. Níveis elevados de resistência aos antibióticos de *E. coli* à tetraciclina e à ampicilina foram observados em muitos outros estudos **(Wilkerson *et al.*, 2004; Watkinson *et al.*, 2007; Holzel *et al.*, 2010; Mudryk *et al.*, 2010)**. **Maal-Bared *et al.* (2013)** concluíram que, uma variedade de variáveis de qualidade da água mostrou fortes relações com a resistência antimicrobiana. Além disso, *a E. coli* é um microrganismo que é proficiente na transferência horizontal e que pode transmitir os seus genes de resistência a outras bactérias patogénicas facultativas ou obrigatórias.

Neste estudo, *a L. pneumophila* ATCC 33152 foi resistente à cefaxima e à claritomicina e sensível à amoxicilina, à ciprofloxacina, à tetraciclina e à estreptomicina. Além disso, os isolados ambientais confirmados de *Legionella mostraram-se* resistentes à tetraciclina (100%), claritomicina (100%), ciprofloxacina (80%), amoxicilina (70%), cefaxima (40%) e estreptomicina (30%).

Nielsen *et al.* (2001) determinaram a suscetibilidade à eritromicina, ciprofloxacina, ofloxacina, rifampicina e clindamicina de 56 estirpes de *L. pneumophila* (38 de doentes, 3 ambientais e 15 de referência) e 37 estirpes de outras espécies de *Legionella* (7 de doentes, 2 ambientais e 28 de referência). Encontraram apenas sensibilidade à clindamicina (57%). Foi demonstrada uma baixa resistência à eritromicina (18%), à ciprofloxacina (1%) e à clindamicina (40%) e não à ofloxacina e à rifampicina. Além disso, verificaram que 64% dos isolados clínicos eram resistentes à clindamicina.

Considerando a sobrevivência da *E. coli* O157:H7 na água, normalmente, quando as bactérias *E. coli* são introduzidas em ambientes aquáticos, morrem gradualmente e este processo é acompanhado por alterações nas suas características. **Daubner (1975)** efectuou experiências de sobrevivência utilizando estirpes de *E. coli* recentemente isoladas dos excrementos de pessoas saudáveis em diferentes tipos de água. Ele observou mudanças nas propriedades fisiológicas e morfológicas da *E. coli* durante a morte, como o encolhimento da célula e danos à integridade da célula ou a redução do conteúdo citoplasmático. Além disso, observou alterações na atividade bioquímica das células, sendo as mais importantes uma diminuição imediata da respiração e da atividade da desidrogenase das células quando introduzidas nos meios aquáticos. Também **Kerr *et al.* (1999)** observaram danos generalizados na maioria das células de *E. coli* O157:H7, com grandes espaços entre a parede celular e a membrana celular. Assim, neste estudo, a sobrevivência de três estirpes de *E. coli O157*:H7 em três tipos de água diferentes foi efectuada para avaliar o tempo de sobrevivência mais longo de *E. coli* O157:H7 em águas subterrâneas, água do rio Nilo e águas residuais (estéreis e não estéreis) e para determinar a viabilidade destas estirpes na água testada.

Neste estudo, *a E. coli* O157:H7 sobreviveu mais tempo em todos os tipos de água esterilizada do que em água não esterilizada, o que pode dever-se ao facto de toda a flora natural dos tipos de água ter sido morta pela esterilização e as células mortas serem consideradas como nutrientes para as estirpes adicionadas. Além disso, a morte da flora natural impede a competição por nutrientes. **Flint (1987)** observou que a flora autóctone da água destilada estéril (SDW) foi eliminada pela esterilização, o que permitiu a proliferação de organismos introduzidos. Além disso, **Korhonen e Martikainen (1991)** documentaram que a flora autóctone da água tem uma influência esmagadora na sobrevivência de *E. coli* através da competição por nutrientes ou predação.

Presume-se geralmente que os agentes patogénicos entéricos morrem depois de serem libertados do hospedeiro para o ambiente natural. No entanto, alguns relatórios indicam que alguns deles, como a *Escherichia coli* patogénica, são capazes de sobreviver durante muito tempo ou mesmo crescer sob certas condições na água e no solo **(Ishii *et al.*, 2007; Vital *et al.*, 2008)**. Existem numerosos factores abióticos e bióticos que controlam a capacidade de crescimento ou de sobrevivência dos agentes patogénicos entéricos, mas sabe-se que a maioria desses factores é substancialmente limitada **(Winfield e Groisman, 2003)**. No presente estudo, o tempo de sobrevivência mais longo de *E. coli* O157:H7 foi observado em águas residuais esterilizadas, que sobreviveram durante 98 dias, e em águas residuais não esterilizadas, que sobreviveram durante 77 dias, seguidas de águas subterrâneas esterilizadas e não esterilizadas durante 84 dias, depois de água do rio Nilo esterilizada durante 84 dias e de água do rio Nilo não esterilizada durante 70 dias. *A E. coli* O157:H7 que foi isolada de águas residuais apresentou o tempo de sobrevivência mais longo em águas residuais (98 dias) do que as outras duas estirpes (estirpe de referência e a estirpe que foi isolada do rio Nilo), estes resultados estão de acordo com **Avery *et al.* (2008)** que descobriram que *a E. coli* O157:H7 sobreviveu melhor em água de lago com baixo teor de nutrientes e em água de poça contaminada com fezes com alto teor de nutrientes do que em bebedouros de gado e água de rio. **Wang e Doyle (1998)** observaram que *a E. coli* O157:H7 sobreviveu durante 21 dias numa fonte de água de lago, em oposição a 77 dias em água de reservatório, ambas mantidas a 15° C. **Flint (1987)** mostrou que a flora natural da água do rio aumentou a sobrevivência de *E. coli* até 250 dias,

Existem relativamente poucos estudos que descrevam a sobrevivência de bactérias patogénicas no ambiente, especialmente na água que pode estar potencialmente contaminada. Grande parte da ênfase tem sido colocada nos estrumes dos bovinos, nos solos com estrume e nas águas superficiais, com menos ênfase nas águas subterrâneas. Em geral, os agentes patogénicos tendem a sobreviver mais tempo a temperaturas mais frias do que a temperaturas mais quentes e na água do que nos estrumes ou nos solos. Isto pode ser problemático, uma vez que os estrumes e os solos são estacionários, enquanto a água é um meio de transporte significativo para os agentes patogénicos **(Kudva *et al.*, 1998)**.

Neste estudo, o meio não seletivo (ágar de contagem de placas) recupera mais *E. coli O157*:H7 do que o meio seletivo (ágar MacConky Sorbitol) na experiência de sobrevivência, o que pode dever-se ao facto de o ágar de contagem de placas ser considerado um meio de enriquecimento elevado; além disso, o meio seletivo foi suplementado com antibiótico, o que pode ter inibido as células de *E. coli* O157:H7 lesionadas; no entanto, a análise estatística não mostrou diferenças significativas na recuperação de *E. coli* O157:H7 entre os meios utilizados. **Degirmenci *et al.* (2012)** referiram que as células sub-letalmente lesionadas podem falhar durante o crescimento em meios selectivos, pelo que se recomenda a utilização de meios não selectivos para a sua recuperação. Embora tenham sido registados números decrescentes quando os meios selectivos foram comparados com os meios não selectivos, não foi encontrada qualquer diferença significativa entre estas populações recuperadas (P>0,05) **(Rocelle *et al.*, 1996; Silk e Donnelly, 1997)**.

A desinfeção da água pode ser conseguida através de diferentes meios, como a cloração, a ozonização e a radiação ultravioleta **(Moeller e Calkins, 1980)**. A desinfeção por cloro ganhou grande aceitação comercial, provavelmente devido à sua simplicidade e ao seu custo moderado, apesar do grande problema dos produtos secundários nocivos gerados por este tratamento **(Sanchez, 1993; Pourmoghaddas e Stevens, 1995)**. A desinfeção conseguida por este processo é frequentemente conseguida através da mistura rápida e do contacto entre o cloro e a água, durante o tempo de contacto. O sucesso da operação de desinfeção depende muito do tempo de contacto e da qualidade físico-química da água tratada. Muitos outros factores podem afetar esta operação, entre os quais: o funcionamento hidráulico do contactor e a cinética de reação do cloro com os componentes presentes na água e a cinética de inativação bacteriana.

Foi relatado que o cloro causa efeitos adversos nas actividades respiratórias e de transporte e nos ácidos nucleicos das bactérias, levando à sua inativação **(Kim *et al.*, 2002)**. Em condições práticas, a eficácia bactericida do cloro ou de outros desinfectantes pode basear-se em diversas condições físicas, químicas e biológicas que podem existir na distribuição dos sistemas de água, condições essas que podem afetar significativamente a ação bactericida **(Skaliy *et al.*, 1980)**.

Neste estudo, a percentagem de remoção de *E. coli* O157:H7 ATCC 35150 foi de 99,9969% com uma redução de cerca de 4 log com uma dose de cloro de 1,4 mg/l e cloro residual de 0,31 mg/l. Por outro lado, a percentagem de remoção de *L. pneumophila* ATCC 33152 atingiu 99,9965% com uma redução de mais de 4 log com uma dose de cloro de 2,6 mg/l e cloro residual de 0,40 mg/l. Isto significa que *a L. pneumophila* é mais resistente ao cloro do que a *E. coli* O157:H7. A capacidade da *L. pneumophila* para colonizar sistemas de água potável é um problema universal para os fornecedores de água municipais. A bactéria provou ser um agente patogénico recalcitrante que é capaz de resistir ou recolonizar os sistemas de água após ciclos repetidos de cloração, constituindo uma ameaça para os consumidores **(Borella *et al.*, 2000)**. **Kutcha *et al.* (1983)** indicaram que um resíduo de cloro livre de 0,1 mg/l eliminava 99% de *E. coli* em 1 minuto, mas eram necessários 40 minutos para obter uma eliminação semelhante de L. *pneumophila*. Estes resultados confirmam que a eliminação de coliformes, um parâmetro amplamente utilizado para a qualidade bacteriológica da água, não implica automaticamente que *a L. pneumophila* seja também totalmente eliminada.

Neste estudo, a dose de cloro necessária para inativar isolados ambientais de *E. coli* O157:H7 do rio Nilo e isolados de águas residuais foi superior à necessária para a estirpe de referência (*E. coli* O157:H7 (ATCC 35150)) com 99% de inativação. Isto significa que as duas estirpes ambientais de *E. coli* O157*:H7 eram mais resistentes ao cloro do que a estirpe de referência de *E. coli* O157:H7. Isto pode dever-se ao facto de as estirpes ambientais isoladas da Drenagem de El-Rahawy, que recebeu grandes quantidades de águas residuais tratadas e de água do rio Nilo, terem sido expostas a alterações ambientais. Embora a eficiência de um desinfetante seja fortemente afetada por características dependentes do organismo, depende em grande medida de factores ambientais como o pH, a temperatura ou a disponibilidade das espécies desinfectantes activas moduladas pela presença de compostos interferentes (**Morato** *et al.*, **2003**). Além disso, quando submetida a tratamentos de desinfeção, *a E. coli* pode entrar rapidamente num estado viável mas não cultivável (VBNC), o que torna difícil a sua deteção por métodos de cultura clássicos (**Grey e Steck, 2001; Villarino** *et al.*, **2003**). Isto também é válido para a *L. pneumophila*, uma vez que para esta espécie também foi relatado anteriormente que a exposição a biocidas pode induzir rapidamente um estado VBNC (**Bej** *et al.*, **1991; Langmark** *et al.*, **2005**).

Skaliy *et al.* (**1980**) verificaram que o cloro livre em concentrações de 3,3 e 6,6 mg/l inactivava rapidamente *a L. pneumophila*. Estas concentrações relativamente elevadas de cloro eram típicas das utilizadas para desinfetar torres de refrigeração. **Wang** *et al.* (**1979**) examinaram a eficácia dos desinfectantes em concentrações normalmente utilizadas em hospitais para a descontaminação de tecidos e superfícies. A investigação incluiu o efeito de concentrações relativamente elevadas de hipoclorito tanto na *L. pneumophila* como na *Escherichia coli*. Os seus dados sugeriam que *a Legionella* spp. poderia ser um pouco mais resistente a estas concentrações elevadas de cloro do que as bactérias coliformes. Também levantaram a suspeita de que a quantidade de cloro residual recomendada para a purificação normal da água pode não ser suficiente para matar *a L. pneumophila* quando a bactéria está presente em grandes quantidades.

A E. coli O157:H7 não é resistente às práticas de cloração normalmente utilizadas para purificar a água. Um relatório da EPA observou que as taxas de inativação da *E. coli* O157:H7 e da *E. coli* de tipo selvagem eram semelhantes (**Rice** *et al.*, **1999**). As empresas de abastecimento de água nos EUA mantêm uma média de cloro residual de 1,1 mg/l, com um intervalo de 45 minutos antes do primeiro ponto de utilização no sistema de distribuição. Por conseguinte, é pouco provável que a *E. coli* O157:H7 sobreviva às práticas convencionais de tratamento da água. No entanto, continua a existir a possibilidade de contrair uma infeção por STEC através da água potável. Por exemplo, nem todos os serviços municipais de água usam cloro e condições adversas podem diminuir muito os níveis de cloro (**Rice** *et al.*, **1999**). A manutenção adequada dos poços é também crucial e por vezes negligenciada. As condições climáticas também podem degradar a qualidade da água potável.

Klinphoklang (2005) descobriu que o cloro a 0,1 mg/l, que era semelhante à concentração que pode ser encontrada nos sistemas de distribuição, mostrou uma ação bactericida contra $5,0\times10^6$ células/ml de *L. pneumophila* na água a ≥3 h de exposição.

Kutcha *et al.* (1983) verificaram que, com a mesma concentração de cloro, 99% de $3,0\times10^4$ células/ml de *L. pneumophila* foram mortas em 40 minutos. Para a descontaminação de biofilmes, muitos investigadores **(Skaliy *et al.*, 1980; Muraca *et al.*, 1987; Green, 1993)** sugeriram que >3 mg/l de cloro livre era necessário para penetrar nos biofilmes e matar as bactérias, incluindo *Legionella* spp. As normas da OMS para água potável afirmam que, 2.0- 3.0 mg/l de cloro devem ser adicionados à água para obter uma desinfeção satisfatória e concentração residual. A quantidade máxima de cloro que se pode utilizar é de 5 mg/l. Para uma desinfeção mais eficaz, a quantidade residual de cloro livre deve exceder 0,5 mg/l após pelo menos 30 minutos de tempo de contacto com um valor de pH igual ou inferior a 8 **(OMS, 1997)**.

Joret *et al.* (1997) verificaram que as doses iniciais de 2 mg/l de cloro livre levaram a uma redução do log de contagem bacteriana de 4,2 para 3,2 UFC/100 ml e de 2,2 para 1,6 bactérias respiratórias in situ e bactérias cultiváveis após 60 e 50 minutos de tempo de contacto, respetivamente.

Wiedenmann *et al.* (1997) verificaram que resíduos de cloro livre de 0,05, 0,1, 0,2 e 0,4 mg/l durante 3,4 a 5,2, 2,8 a 4,0, 1,7 a 3,0 e 0,8 a 2,0 minutos, respetivamente, foram utilizados para desinfetar água potável com uma redução de 99,99% dos estreptococos fecais.

Payment *et al.* (1985) concluíram que a pré-cloração removia mais de 95% da densidade de microorganismos na água. **Samhan (1998)** estudou a sobrevivência de *E. coli* contra diferentes doses de cloro e diferentes tempos de contacto, tendo verificado que a redução de *E. coli* variou de $3,6 \times 10^5$ para $1,1 \times 10^2$, $9,5\times10$ e $5,2 \times 10$ CFU/ml após 1, 10 e 30 min, respetivamente, em doses de cloro de 0,5 mg/l e para 30, 10 e zero CFU/ml em doses de cloro de 1 mg/l. Além disso, a contagem de *E. coli* diminuiu para zero após um minuto de exposição a doses de cloro entre 1,5 e 3,0 mg/l.

McFeters *et al.* (1986) mencionaram que 1,4 mg/l de cloro afectava grandemente o crescimento de coliformes totais, sendo os resultados letais de 100% em algumas amostras e de 96,6% noutras amostras. Além disso, **Singh *et al.* (1986)** acrescentaram que a dose de cloro até 1,6 mg/l provoca uma lesão apreciável (94,3%) da população de *E. coli* (letalidade de 48,2 a 85%) após 10 minutos de contacto.

Chang *et al.* (2006) descobriram que a cloração de células cultiváveis de *L. pneumophila em* jejum durante 1 dia e 14 dias com 0,5 e 2,0 mg/l de cloro livre durante 1 h causou danos nas membranas de 2731% de *L. pneumophila*.

Ryu e Beuchat (2005) verificaram que *a E. coli* O157:H7, isolada do ambiente e tratada com cloro a concentrações de 0,25 e 0,50 mg/ml, apresentava uma maior resistência do que duas estirpes de referência, com uma redução inferior a 3 logs CFU/ml em 1, 5 e 10 minutos quando tratada com 0,50, 0,25 e 0,10 mg de cloro/ml, respetivamente.

Resumo

Este estudo foi realizado para detetar *E. coli* O157:H7, *Legionella* spp. e *H. pylori* a partir de águas subterrâneas, água do mar, água do rio Nilo, El-Rahawy Drain e águas residuais hospitalares no Egipto durante o período de estudo que se estendeu de junho de 2010 a julho de 2011. *A E. coli* O157:H7 foi detectada utilizando métodos de cultura e PCR multiplex. *Legionella* spp. e *H. pylori* foram detectadas através de métodos de cultura. Para além disso, foram também examinados indicadores bacterianos convencionais (TVBC, TC, FC e FS).

• Para determinar a sensibilidade e a especificidade da PCR multiplex na deteção de *E. coli* O157:H7, foi utilizada a *E. coli* O157:H7 ATCC 35150. Verificou-se que o limite de deteção de *E. coli* O157:H7 por PCR multiplex era de 100 CFU/ml após o passo de enriquecimento. Além disso, a PCR multiplex era específica para *E. coli* O157:H7, não tendo sido detectada qualquer banda positiva quando se utilizou *E. coli* ATCC 25922, *Enterobacter cloacae*, *Klebsiella pneumonia*, *Proteus mirabilis*, *Listeria monocytogenes*, *Salmonella* Typhimurium ATCC 14028, *Pseudomonas aeruginosa*, *Staphylococcus aureus* e *E. coli*.

• Relativamente aos resultados das águas subterrâneas recolhidas na província de New Valley. Verificou-se que 16 das 40 amostras de águas subterrâneas não cumpriam a **norma egípcia (2007)** para a água potável devido à elevada contagem de bactérias em 16 amostras de poços e à presença de CT em 3 amostras de poços, incluindo uma amostra que continha FC.

• Todas as amostras de águas subterrâneas tratadas que foram recolhidas em 10 poços, na província de Qalyubia, cumpriram a **norma egípcia (2007).**

• 15 amostras de água do mar recolhidas no Mar Mediterrâneo, na província de Marsa-Matroha, apresentaram contagens médias relativamente elevadas de CBT a 37 e 22º C, que foram de $9,2 \times 10^2$ e $1,4 \times 10^3$ UFC/ml, respetivamente.

• Considerando as cinquenta amostras de água que foram recolhidas do Ramal da Rossita ao longo de cerca de um quilómetro, os resultados dos indicadores bacterianos indicaram que os valores mínimos foram observados antes do ponto de mistura com o Dreno de El-Rahawy. Por outro lado, os valores máximos foram observados no ponto de mistura com a rede de drenagem de El-Rahawy. A prevalência de *E. coli* O157:H7, *Legionella* spp. e *H. pylori* foi de 32 (64%), 18 (36%) e 33 (66%), respetivamente. A *E. coli* O157:H7 foi detectada em 35 de 50 (70%) por PCR multiplex e a presença de seis genes de virulência (*flic, stx1, stx2, eae, rfbE* e *hly*) foi de 0

(0%), 10 (20%), 25 (50%), 23 (46%), 15 (30%) e 0 (0%), (com tamanho de fragmento de 949, 655, 477, 375, 296 e 199 pb), respetivamente.

• Entre as 20 amostras de água recolhidas em 4 locais distribuídos ao longo de cerca de 5 km de El-Rahway Drain, as contagens médias de TVBC foram de $9,5x10^5$ e $1,5x10^6$ CFU/ml a 37 e 22° C, respetivamente. As contagens médias de TC, FC e FS foram de $2,2x10^5$, $1,2x10^5$ e $3,1x10^5$ MPN-index/100ml, respetivamente. A prevalência de *E. coli* O157:H7 e *H. pylori* foi de 20 em

20 (100%), enquanto a prevalência de *Legionella* spp. foi de 16 em 20 (80%) amostras de água. A *E. coli* O157:H7 foi detectada em 20 das 20 amostras de água por PCR multiplex com uma percentagem de prevalência de 100%, e a presença de seis genes de virulência (*flic, stx1, stx2, eae, rfbE* e *hly*) foi de 1 (5%), 8 (40%), 17 (85%), 19 (95%), 15 (75%) e 1 (5%), respetivamente.

• Foram recolhidas 10 amostras separadas de águas residuais dos hospitais de El-Kasr El-Aini. Os valores médios de TVBC a 37 e 22° C foram $6,4x10^4$ e $5,9x10^4$ CFU/ml, respetivamente, enquanto os valores médios de TC, FC e FS foram $1,5x10^4$, $8,6x10^3$ e $6,2x10^2$ MPN- Index /100ml, respetivamente. Além disso, as contagens médias de *E. coli* O157:H7, *Legionella* spp. e *H. Pylori* foram de $3,6x10^2$, $2,1x10^3$ e $2,2x10^3$ CFU/100ml, respetivamente. A *E. coli* O157:H7 foi positiva em 5 de 10 (50%) utilizando os métodos de cultura e PCR multiplex, com apenas três genes de virulência detectados (*stx2, eae* e *rfbE*). A *Legionella* spp. e a *H. pylori* estavam presentes em 10 (100%) e 6 (60%) das 10 amostras de águas residuais hospitalares, respetivamente.

• O gene do antigénio O (*rfbE*) em seis isolados locais de *E. coli* O157:H7 foi escolhido para caraterização, porque era o gene mais frequente em isolados locais de *E. coli* O157, além de que este gene representa o gene do antigénio O que sintetiza o LPS de O157. Verificou-se que as análises das sequências dos produtos de PCR positivos de *E. coli* O157:H7 revelaram uma elevada homologia com duas estirpes de *E. coli* O157:H7, que se encontram depositadas na base de dados, nomeadamente (EC 4024) e (09BKT078844), com uma identidade Blast que varia entre 94% e 100%.

• Relativamente às análises estatísticas. As análises estatísticas foram realizadas para encontrar qualquer possível correlação entre as bactérias patogénicas testadas e os indicadores bacterianos; verificou-se que existiam diferenças nas correlações, quer positivas quer negativas, com diferentes graus de significância nas diferentes águas testadas.

-Relativamente ao teste de sensibilidade aos antibióticos de isolados de *E. coli* O157:H7 e *Legionella* spp. Verificou-se que os isolados de *E. coli* O157:H7 eram resistentes à amoxicilina (100%), claritomicina (77%), estreptomicina (11%) e tetraciclina (7%). Enquanto *a E. coli* O157:H7 ATCC 35150 (estirpe 1) era resistente à amoxicilina e à claritomicina. Por outro lado, *a L. pneumophila* ATCC 33152 era resistente à cefaxima e à claritromicina. Enquanto os isolados de *Legionella* confirmados eram resistentes à tetraciclina (100%), claritromicina (100%), ciprofloxacina (80%), amoxicilina (70%), cefaxime (40%) e estreptomicina (30%).

• Na experiência de sobrevivência, *a E. coli* O157:H7 sobreviveu em todos os tipos de água esterilizada testados durante mais tempo do que na água não esterilizada. Verificou-se que a *E. coli* O157:H7 isolada da amostra de águas residuais tinha o tempo de sobrevivência mais longo (98 dias) em águas residuais esterilizadas em comparação com as outras estirpes (estirpe de referência e isolada do rio Nilo).

• Na experiência com cloro, a fim de atingir 99,9% de inativação de *E. coli* O157:H7 pelo cloro. Verificou-se que ambas as estirpes ambientais de *E. coli O157:*H7 do rio Nilo e das águas residuais necessitavam de uma dose mais elevada do que a necessária para inativar a estirpe de referência *E. coli* O157:H7 ATCC 35150. Comparando a redução de quatro logaritmos do número de *E. coli* O157:H7 ATCC 35150 e de *L. pneumophila* ATCC 33152, verificou-se que *L. pneumophila* ATCC 33152 (2,6 mg/l) necessitava de uma dose de cloro mais elevada do que *E. coli* O157:H7 ATCC 35150 (1,4 mg/l).

Conclusões e recomendações

• O esgoto de El-Rahawy é a principal fonte de deterioração do rio Nilo (braço da Rossita), pelo que se recomenda que o esgoto de El-Rahawy seja tratado antes de ser descarregado no braço da Rossita.

• As águas residuais hospitalares devem ser tratadas no local antes de serem misturadas com o sistema de esgotos.

• A cultura de *E. coli* O157:H7 em meio de ágar seletivo HiCrome EC O157:H7 é considerada um método de deteção barato e fiável em amostras de água concentradas; as amostras com contagens baixas foram facilmente detectadas.

• A PCR multiplex é sensível e específica para a deteção de *E. coli* O157:H7; além disso, fornece uma pista para o grau de virulência; pode ser utilizada para detetar pelo menos um ou mais dos genes de virulência que a cultura, os testes bioquímicos e serológicos não conseguem detetar.

• A combinação dos métodos de cultura e PCR deve ser recomendada para a deteção de *E. coli* O157:H7.

• Os métodos de cultura para a deteção de *Legionella* spp. e *H. pylori* eram fiáveis e davam resultados consistentes, mas eram demorados (4-10 dias). Recomenda-se a utilização de métodos mais rápidos para a deteção de *Legionella spp.* e *H. pylori*.

• Na ausência de uma correlação consistente, clara e significativa entre a presença de indicadores bacterianos e as bactérias patogénicas testadas, recomenda-se a monitorização periódica dos agentes patogénicos bacterianos através de um exame de rotina dos indicadores bacterianos.

• Devido ao abuso e à má utilização de antibióticos, as bactérias patogénicas ambientais desenvolvem estratégias de resistência. Deve ser aplicada uma restrição à utilização de antibióticos.

• Recomenda-se que o teste para o controlo das desinfecções no Egipto seja efectuado em isolados bacterianos patogénicos locais, uma vez que estes apresentaram uma resistência mais elevada do que as estirpes de referência.

Referência

Abdel El-Gawad, H.A. e Aly, A.M. (2011). Avaliação do ambiente aquático para a qualidade da gestão de águas residuais nos hospitais: um estudo de caso. *Austr. J. Basic Appl. Sci.*, **5:** 474-782.

Abdel-Dayem, S. (1994). Water quality issues in Egypt. Jornadas de estudo italo-egípcias sobre o ambiente, Cairo. 81-92.

Abdel-Dayem, S.; Hamdy, A. e Abu-Zeid, M. (1992). Mitigação da seca através da gestão do lençol freático e da irrigação com água salina. Conferência internacional sobre "Supplementary irrigation and drought water management". **3:** Adana, Itália: CIHEAM. S6-5.1-S6-5.10.

Abdel-Shafy, H. e Aly, R. (2002). A questão da água no Egipto: Resources, pollution and protection endeavors, Rivew Article, *C.E.J.O.E.M.,* **8:** 3-21.

Abdel-Wahab, M.I. (2012). Impacto da poluição da água na diversidade bacteriana associada à Tilabia (*Oreochromis Niloticus*) cultivada em água doce e salobra. Tese de Mestrado, Faculdade de Agricultura, Universidade de Ain-Shams.

Abdulla, H.; Ghodeif, K.; El-Shatoury, S. e Dewedar, A. (2003). Potencial contaminação das águas subterrâneas no Património Mundial do Protetorado de Santa Catarina, Egipto. *Egipto. J. Bio,* **5:** 1-9.

Abulreesh, H.H. (2011). Pombo-das-rochas de vida livre (*Columba livia*) como reservatório ambiental de agentes patogénicos bacterianos entéricos resistentes a medicamentos antimicrobianos na Arábia Saudita. *Curr. Res. Bacteriol.,* **4:** 28-33.

Adams, B.L.; Bates, T.C. e Oliver, J.D. (2003). Sobrevivência de *Helicobacter pylori* num ambiente natural de água doce. *Appl. Environ. Microbiol,* **69:** 7462-7466.

Afifi, S.; Elmanama, A. e Shubair, M. (2000). Avaliação microbiológica da qualidade da praia na Faixa de Gaza. Egipto. *Med. Lab. Sci.,* **9:**.18-24.

Ahmed, K.S.; Khan, A.A.; Ahmed, I.; Tiwari, S.K.; Habeeb, A.; Ahi, J.D.; Abid, Z.; Ahmed, N. e Habibullah, C.M. (2007). Impact of household hygiene and water source on the prevalence and transmission of *Helicobacter pylori:* a South Indian perspective. *Singapore Med. J.,* **48:** 543-549.

Ahmed, K.S.; Khanm, A.A.; Ahmed, I.; Tiwari, S.K.; Habeeb, M.A.; Ali, S.M.; Ahi, J.D.; Abid, Z.; Alvi, A.; Hussain, M.A.; Ahmed, N. e Habibullah, C.M. (2006). Prevalence study to elucidate the transmission paths of *Helicobacter pylori* at oral and gastroduodenal sites of a South Indian population. *Singapore Med. J.,* **47:** 291-296.

Ahmed, S. e Donaghy, M. (1998). Um surto de *Echerichia coli* O157:H7 na Escócia Central. *In* Kaper and O'Brien (Editors), *Escherichia coli* O157:H7 and Other Shiga Toxin-Producing Strains, 1st Ed., *ASM Press,* Washington, D.C. pp. 59-65.

Al-Ajmi, D.; Padmanabha, J.; Denman, S.E.; Gilbert, R.A.; Al-Jassim, R.M. e Mcsweeney, C.S. (2006). Avaliação de um método de deteção por PCR para *Escherichia coli* O157:H7, 7h - amostras fecais de bovinos. *Lett. Appl. Microbiol,* **42:** 386-391.

Alekseev, V.S. (2003). Pathogenic microorganisms in groundwater, *Vodosnabzhenie i Santekhnika,* **11:** 5-9.

APHA (Associação Americana de Saúde Pública) (1989). Standard methods for the examination of water and wastewater, 17th ed. Washington, D.C.

APHA (Associação Americana de Saúde Pública) (2005). Standard methods for the examination of water and wastewater, 21st ed. Washington, D.C.

APHA (Associação Americana de Saúde Pública) (2011). Standard methods for the examination of water and wastewater, 22nd ed. Washington, D.C.

Armstrong, G.L.; Hollingsworth, J. e Morris, J.G. (1996). Agentes patogénicos emergentes de origem alimentar: *Escherichia coli* O157:H7 como modelo de entrada de um novo agente patogénico no abastecimento alimentar do mundo desenvolvido. *Epidemiol. Rev.,* **18:** 29-51.

Arroyo, G. e Arroyo, J.A. (1996). Eficiência de diferentes procedimentos de enriquecimento e isolamento para a deteção de serótipos de *Salmonella* em miudezas comestíveis. *J. Appl. Bacteriol.,* **78:** 281-289.

Atlas, R.M. (1999). *Legionella*: dos habitats ambientais à patologia, deteção e controlo da doença. *Environ. Microbiol.,* **1:** 283-293.

Avery, L.M.; Williams, A.P.; Killham, K. e Jones, D.L. (2008). Survival of *Escherichia coli* O157:H7 in waters from lakes, rivers, puddles and animal drinking troughs. *Sci. Total Environ.,* **389:** 378-385.

AWWA (American Water Works Association) (1999). Manual de Práticas de Abastecimento de Água: Waterborne Pathogens (1st ed.). Denver: American Water Works Association.

Bai, J.; Shi, X. e Nagaraja. T.G. (2010). Um procedimento de PCR multiplex para a deteção de seis genes de virulência principais em *Escherichia coli* O157:H7. *Microbiol. Meth.,* **82:** 85-89.

Baker, K.H. e Hegarty, J.P. (2001). A presença de *Helicobacter pylori* na água potável está associada à infeção clínica. *Scand. J. Infect. Dis.,* **33:** 744-746.

Baker-Austin, C.; Wright, M.; Stephanauskas, R. e McArthur, J.V. (2006). Co-seleção de resistência a antibióticos e metais. *Trends Microbiol,* **14:** 176-182.

Barrette, Jr.W.C.; Hannum, D.M.; Wheeler, W.D. e Hurst, J. K. (1989). Mecanismo geral para a toxicidade bacteriana do ácido hipocloroso: abolição da produção de ATP. *Biochem,* **28:** 9172-9178.

Bartram, J.; Cotruvo, J.; Exner, M.; Fricker, C. e Glasmacher, A. (2003). Heterotrophic plate counts and drinking-water Safety (Contagem de placas heterotróficas e segurança da água potável). Publicado em nome da (OMS) pela *IWA* Publishing, ISBN: 92 4 156226 9, Reino Unido.

Bassily, S.; Frenck, R.W.; Mohareb, E.W.; Wierzba, T.; Savarino, S.; Hall, E.; Kotkat, A.; Naficy, A.; Hyams, K.C. e Clemens, J. (1999). Seroprevalence of *Helicobacter pylori* among Egyptian newborns and their mothers: a preliminary report, *Am. J. Trop. Med. Hyg.,* **61:** 37-40.

Bauer, A.W.; Kirby, W.M.; Sherris, J.C. e Turck, M. (1966). Teste de suscetibilidade aos antibióticos através de um método de disco único normalizado. *Am. J. Clin. Pathol.* **45:** 493-496.

Bej, A.K.; Mahbubani, M.H. e Atlas, R.M. (1991).

Deteção de *Legionella pneumophila* viável na água utilizando a reação em cadeia da polimerase e métodos de sonda genética. *Appl. Environ. Microbiol,* **57:** 597-600.

Bell, B.P.; Goldoft, M.; Griffin, P.M.; Davis, M.A.; Gordon, D.C.; Tarr, P.I.; Bartleson, C.A.; Lewis, J.H.; Barrett, T.J.; Wells, J.G.; Baron R. e Kobayashi, J. (1994). Um surto multiestatal de diarreia sanguinolenta associada a *Escherichia coli* O157:H7 e síndroma hemolítico urémico causado por hambúrgueres. *J. Am. Med. Assoc.,* **272:** 1349-1353.

Benson, R.F. e Fields, B.S. (1998). Classificação do género *Legionella. Semin. Respir. Infect.,* **13:** 90-99.

Bentham, R.H. (1993). Factores ambientais que afectam a colonização de torres de arrefecimento por *Legionella* spp. no Sul da Austrália. *Int. Biodeterior. Biodegrad.,* **31:** 55-63.

Bernet, S. e Fines, M. (2000). Efluentes do CHU e do CAEN: Estudo qualitativo e quantitativo da flora microbiana e pesquisa de bactérias multiresistentes, 4th Dia da rede regional de higiene da Baixa Normandia, Caen. França.

Bertrand, R. e Roig, B. (2007). Avaliação da deteção baseada na PCR sem enriquecimento do gene *rfbE* de *Escherichia coli* O157 aplicada às águas residuais municipais. *Water Res.,* **41:** 1280-1286.

Bettelheim, K.A. (1998). Fiabilidade do CHROMagar O157 para a deteção de *Escherichia coli* enterohemorrágica (EHEC) O157 mas não de EHEC pertencente a outros serogrupos. *J. Appl. Microbiol,* **85:** 425-428.

Beutin, L.; Geier, D.; Zimmermann, S.; Aleksic, S.; Gillespie, H.A. e Whittam, T.S. (1997). Parentesco epidemiológico e tipos clonais de populações naturais de estirpes de *Escherichia coli* produtoras de toxinas Shiga em populações separadas de bovinos e ovinos. *Appl. Environ. Microbiol,* **63:** 2175-2180.

Bidet, P.; Mariani-Kurkdjian, P.; Grimont, F.; Brahimi, C.; Grimont, P. e Bingen, E. (2005). Caracterização de isolados de *E. coli* O157:H7 que causam síndrome uraémica hemolítica em França. *Medical Microbiol,* **54:** 71-75.

Bitton, G. (2005). Indicadores microbianos de contaminação fecal: aplicação ao rastreio de fontes microbianas. Relatório apresentado à Florida Stormwater Association; p. 1-71.

Blanch, A.R.; Caplin, J.L.; Iversen, A.; Kuhn, I.; Manero, A.; Taylor, H.D. e Vilanova, X. (2003). Comparação de populações enterocócicas relacionadas com águas residuais urbanas e hospitalares em várias regiões climáticas e geográficas europeias. *J. Appl. Microbiol,* **94:** 994-1002.

Borella, P.; Bargellini, A. e Pergolizzi, S. (2000). Prevenção e controlo da infeção por *Legionella* no ambiente hospitalar. *Ann. Ig.,* **12:** 287-296.

Bougdour, A.; Lelong, C. e Geiselmann. J. (2004). Crl, uma proteína induzida a baixa temperatura em *Escherichia coli* que se liga diretamente à subunidade sigma da fase estacionária da RNA polimerase. *J. Biol. Chem.,* **279:** 19540-19550.

Bragança S.M.; Azevedo N.F.; Simões L.C.; Keevil C.W. e Vieira M.J. (2007). Utilização de hibridação in situ fluorescente para a visualização de *Helicobacter pylori* em biofilmes reais de água potável. *Water Sci. Tech.,* **55:** 387393.

Bray, J. e Beavan, T.E.D. (1948). Slide agglutination of *Bacterium coli* var. neapolitanum in summer diarrhæa. *J Pathol Bacteriol,* **60:** 395-401.

Brenner, D.J.; Feeley, J.C. e Weaver, R.E. (1984). Família VII. *Legionellaceae. Em* N.R. Krieg & J.G. Holt, eds.

Bergey's Manual of Systemic Bacteriology, Vol. 1, p. 279. Williams & Wilkins, Baltimore, Md.

Brewster, D.H.; Browne, M.I.; Robertson, D.; Houghton, G.L.; Bimson,

J. e Sharp, J.C.M. (1994). Um surto de *Escherichia coli* O157 associado a uma piscina infantil. *Epidemiol. Infect.,* **112:** 441-453.

Brooks, J.T.; Sowers, E.G.; Wells, J.G.; Greene, K.D.; Griffin, P.M.; Hoekstra, R.M. e Strockbine, N.A. (2005). Non-O157 Shiga Toxin-Producing *Escherichia coli* Infections in the United States, 1983-2002. *J. Infect. Dis.,* **192:** 1422-1429.

Brown, L.M. (2000). *Helicobacter pylori:* epidemiologia e vias de transmissão. Epidemiologic reviews. Universidade John Hopkins. Escola de Higiene e Saúde Pública, **22:** 283-297.

Brown, M.; Thomas, L.T.; Ma, J.; Chang, Y.; You, W.; Liu, W.; Zhang, L.; Pee, D. e Gail H.M. (2002). Infeção por *Helicobacter pylori* na China rural: factores demográficos, de estilo de vida e ambientais. *Inter. J. Epidemiol.,* **31:** 638-646.

Buchbinder, S.; Trebesius, K. e Heesemann, J.R. (2002). Avaliação da deteção de *Legionella* spp. em amostras de água por hiperdização in situ por fluorescência, amplificação RCR e cultura bacteriana. *Int. J. Med. Microbiol.* **292:** 241-245.

Bunn, J.E.G.; MacKay, W.G.; Thomas, J.E.; Reid, D.C. e Weaver, L.T. (2002). Deteção de ADN de *Helicobacter pylori* em biofilmes de água potável: implicações para a transmissão no início da vida. *Lett. Appl. Microbiol,* **34:** 450454.

Burland, V.; Shao, Y.; Perna, N.T.; Plunkett, G.; Sofia, H.J. e Blattner, F.R. (1998). A sequência completa de ADN e a análise do plasmídeo de virulência grande de *Escherichia coli* O157:H7. *Nucleic Acids Res.,* **26:** 4196-4204.

Campbell, G.R.; Prosser, J.; Glover, A. e Killham, K. (2001). Deteção de *Escherichia coli* O157:H7 no solo e na água utilizando PCR multiplex. *Appl. Microbiol.,* **91:** 10041010.

Cao, J.; Li, Z.Q.; Borch, K.; Petersson, F. e Mardh, S. (1997). Deteção de formas espiraladas e cocóides de *Helicobacter pylori* utilizando um anticorpo monoclonal murino. *Clinica. Chimica. Ata,* **267:** 183-196.

Carbone, M.; Maugeri, T.L.; Gugliandolo, C.; La Camera, E.; Biondo, C. e Fera, M.T. (2005). Ocorrência de ADN de *Helicobacter pylori* no ambiente costeiro do sul de Itália (Estreito de Messina). *J. Appl. Microbiol,* **98:** 768-774.

Carvalho, F.R.S.; Foronda, A.S. e Pellizari, V.H. (2007). Deteção de *Legionella pneumophila* em amostras de água e biofilme por cultura e métodos moleculares de sistemas artificiais em São Paulo - Brasil. *Brazil J.*

Microbiol, **38:**743-751.

Castillo, G.; Mena, M.; Dibarrart, F. e Honyman, G. (2001). Melhoria da qualidade da água de águas residuais tratadas por percolação intermitente no solo. *Wat. sci. Technol.,* **43:** 187- 190.

Catrenich, C.E. e Johnson, W. (1989). Caracterização da inibição selectiva do crescimento de *Legionella pneumophila* virulenta pelo meio Mueller-Hinton suplementado. *Infec. Immun.,* **57:** 1862-1864.

CCLIN Paris-Nord, (1999). Eliminação de efluentes líquidos em estabelecimentos hospitalares - recomendações. Instituto de Biomedicina, Cordeliers, Paris, 74pp.1.

CDC (Centro de Controlo e Prevenção de Doenças) (2005). Procedimentos para a recuperação de *Legionella* do ambiente. Atlanta, Ga.

Cellini, L.; Del Vecchio, A.; Di Candia, M.; Di Campli, E.; Favaro, M. e Donelli, G. (2004). Deteção de *Helicobacter pylori* livre e associada ao plâncton na água do mar. *J. Appl. Microbiol,* **97:** 285-292.

Chalmers, R.M.; Aird, H. e Bolton, F.J. (2000). *Escherichia coli* O157 transmitida pela água. *Appl. Microbiol.,* **88:** 124-132.

Chang, C-W; Hwang, Y-H.; Cheng, W-Y. e Chang, C-P. (2006). Effects of chlorination and heat disinfection on long-term starved *Legionella pneumophila* in warm water. *J. Appl. Microbiol.* ISSN 1364-5072.

Chapman, P.A.; Siddons, C.A.; Zadik, P.M. e Jewes, L.

(1991). Um meio seletivo melhorado para o isolamento de *Escherichia coli* O157. *J. Med. Microbiol,* **35:** 107-110.

Gráfico H. (2000). Enteropatogenicidade do VTEC. *Appl. Microbiol.,* **88:** 12-23.

Chee-Sanford, J.C.; Aminov, R.I.; Krapac, I.J.; Garrigues-Jeanjean N. e Mackie, R.I. (2001). Ocorrência e diversidade de genes de resistência à tetraciclina em lagoas e águas subterrâneas subjacentes a duas instalações de produção de suínos. *Appl. Environ. Microbiol,* **67:** 1494-1502.

Colbourne, J.S. e Dennis, P.J. (1989). The ecology and survival of *Legionella Pneumophila.* Thames Water Authority *J. Instit. Water Environ. Manag.,* **3:** 345-350.

Cole, S.P.; Kharitonov, V.F. e Guiney, D.G. (1999). Effect of nitric oxide on *Helicobacter pylori* morphology (Efeito do óxido nítrico na morfologia da *Helicobacter pylori*). *J. Infect. Dis.,* **180:** 1713-1717.

Colford Jr., J.M.; Wade, T.J.; Schiff, K.C.; Wright, C.C.; Griffith, J.F.; Sandhu, S.K.; Burns, S.; Sobsey, M.; Lovelace, G. e Weisberg, S.B.

(2007). Indicadores de qualidade da água e o risco de doença em praias com fontes não pontuais de contaminação fecal. *Epidemiol.,* **18:** 27-35.

Connell, G.F. **(1996).** A cloração/cloraminação manual. Denver: American Water Works Association.

Costas, M.; On, S.L.W.; Owen, R.J.; Lopez-Urquijo, B. e Lastovica, A.J. (1993). Differentiation of *Helicobacter* species by numerical analysis of their one-dimensional electrophoretic protein patterns. *Syst. Appl. Microbiol.,* **16:** 396-404.

Cox, H.R. (1938). Utilização do saco vitelino do embrião de pinto em desenvolvimento como meio para o cultivo de Rickettsiae do grupo da febre maculosa das Montanhas Rochosas e do tifo. Relatório de Saúde Pública de Washington, **53:** 2241-2247.

Cupples, A.M.; Xagoraraki, I. e Rose, J.B. (2010). Novos métodos moleculares para a deteção de agentes patogénicos transmitidos pela água. Environmental Microbiology, publicações Wiley (capítulo de livro).

Czajkowska, D.; Witkowska-Gwiazdowskka, A.; Sikopska, I.; Boszczyk-Maleszak, H. e Horoch, M. (2005). Sobrevivência de *Escherichia coli* serotipo O157:H7 na água e em sedimentos do fundo da costa. *Pol. J. Environ. Stu.,* **14:** 423-430.

Daubner, I. (1975). Alterações nas propriedades de *Escherichia coli* sob a influência de ambientes aquáticos. *Intern. Verein. Limnologie Verhandlungen,* 19: 2650-2657.

Daughton, C.G. (2004). Contaminantes da água não regulamentados: Investigação emergente. *Environ. Imp. Asses. Rev.,* **24:** 711732.

Davies, C. e Evison, L. (1991). Sunlight and the survival of enteric bacteria in natural waters. *J. Appl. Bacteriol.,* **70:** 265-274.

Davies, C.M.; Long, J.A.H.; Donald, M. e Ashbolt, N.J. (1995). Survival of fecal microorganisms in marine and freshwater sediments (Sobrevivência de microrganismos fecais em sedimentos marinhos e de água doce). *Appl. Environ. Microbiol,* **61:** 1888-1896.

Degirmenci, H.; Karapinar, M. e Karabiyikli, S. (2012). A sobrevivência de *E. coli* O157:H7, *S.* Typhimurium e L. *monocytogenes* em sumo de cenoura preta (Daucus carota). *Inter. J. Food Microbiol,* **153:** 212-215.

Dennis, P.J.L. **(1998).** Isolamento de legionellae de espécimes ambientais. *Em* T.G. Harrison & A.G. Taylor, eds., A Laboratory Manual for *Legionella*, p. 31. John Wiley & Sons Ltd., Nova Iorque.

Dent, J.C. e McNulty, C.A.M. (1988). Avaliação de um novo meio seletivo para *Campylobacter pylori*. *Eur. J. Clin. Microbiol. Infect. Dis.,* **7:** 555-568.

Don, J.; Brenner, J. e Farmer, J. (1986). Família I. Enterobacteriaceae. Rahn, Nom. Fam. Comm. Ewing, Farmer e Brenner. . Bergey's Manual of Systemic Bacteriology, 2ⁿᵈ ed, *p.* 587. Williams & Wilkins, Baltimore, Md.

Donelli, G.; Matarrese, P.; Fiorentini, C.; Dainelli, B.; Taraborelli, T.; Di Campli, E.; Di Bartolomeo, S. e Cellini, L. (1998). O efeito do oxigénio sobre o crescimento e a morfologia celular da *Helicobacter pylori*. *F.E.M.S. Microbiol. Letters,* **168:** 9-15.

Donia, N. (2005). Rosetta Branch Waste Load Allocation Model. 19th Conferência Internacional de Tecnologia da Água, Sharm El-Sheikh, Egipto, pp: 277-288.

Dunn, B.E.; Cohen, H. e Blaser, M.J. (1997). *Helicobacter pylori. Clin. Microbiol. Rev.,* **10:** 720-741.

Duriez, P. e Topp, E. (2007). Dinâmica temporal e impacto do armazenamento de estrume nos padrões de resistência aos antibióticos e na estrutura populacional de isolados de *Escherichia coli* de uma exploração suína comercial. *Appl. Environ. Microbial,* **73:** 5486-5493.

Duris, J.W.; Haack, S.K. e Fogarty, L.R. (2009). Marcadores genéticos e antigénicos de *E. coli* produtora de Shiga-toxina das águas dos rios Michigan e Indiana: ocorrência e relação com os critérios de qualidade da água para fins recreativos. *Environ. Qual.,* **38:** 1878-1886.

Eblen, D.R. (2007). Importância para a saúde pública da *Escherichia coli* produtora de toxina Shiga não-O157 (STEC não-O157) no abastecimento alimentar dos EUA. Serviço de Inspeção e Segurança Alimentar do Departamento de Agricultura dos EUA.

Edelstein, P.H. (1981). Meio semi-seletivo melhorado para o isolamento de *Legionella pneumophila* de amostras clínicas e ambientais contaminadas. *J. Clin. Microbiol,* **4:** 298-303.

Edge, T.A. e Hill, S. (2005). Ocorrência de resistência a antibióticos em *Escherichia coli* de águas superficiais e fontes de poluição fecal perto de Hamilton Ontario. *Can. J. Microbiol,* **51:** 501-515.

Norma Egípcia (2007). Ministério da Saúde: Minister's Office, Egyptian Standards for potable water, Dissection No. (458).

El Gammal, H.A. e El Shazely, H.S. (2008). Cenários de gestão da qualidade da água no braço do rio Nilo de Rosetta, Egipto. 12th Conferência Internacional de Tecnologia da Água, Alex., Egipto, pp: 901-912.

El- Jakee, J.; El-moussa, K.; Mohamed, F. e Mohamed, G. (2009). Utilização de técnicas moleculares para a caraterização de *E. coli* isoladas de fontes de água no Egipto. *Glob. Veterinaria,* **3:** 354-362.

El-Safey M.S. (2001). Pesquisa de *E. coli* O157:H7 em alimentos e produtos lácteos egípcios. Tese de doutoramento, Departamento de Botânica e Microbiologia, Faculdade de Ciências, Universidade Al-Azhar, Cairo, Egipto.

Elder, R.O.; Keen, J.E.; Siragusa, E.R.; Barkocy-Gallagher, G.A.; Koohmaraie, M. e Laegreid, W.W. (2000). Correlação da prevalência de *Escherichia coli* O157 enterohemorrágica em fezes, couros e carcaças de bovinos de corte durante o processamento. *Proc. Natl. Acad. Sci. USA.,* **97:** 29993003.

El-Tahalawi, M.R.; Farrag, A.A. e Ahmed, S.S. (2007). Águas subterrâneas do Egipto: "an environmental overview". *Environ Geol,* DOI 10.1007/s00254-007-1014-1.

Engelman, R. e Le Roy, P. (1993). Sustaining water, population and the future of renewable water supplies.

Population Action International, Population and Environment Program, Washington, D. C., pp. 302-318.

Enroth, H. e Engstrand, L. (1996). Passagem do ovo de formas em forma de bastonete e cocóide de *Helicobacter pylori*: estudos preliminares. *Helicobacter,* **1:** 183-186.

EPADP (Autoridade Pública Egípcia para Projectos de Drenagem); DRI (Instituto de Investigação de Drenagem) (2008). National Water Quality and Availability Management (NAWQAM), relatório técnico final da componente 3000, National Water Research Center (NWRC) e The Prairie Farm Rehabilitation Administration (PFRA).

Ericksen, T.H.; Thomas, C. e Dufour, A. (1993). Comparação de dois métodos selectivos de filtração por membrana para a enumeração de estreptococos fecais em amostras de água doce. Reunião Anual. *Am. Soc. Microbiol,* 279-286.

Ezzat, M.S.; Mahdy, M.H.; Abo-State, A.M.; Abd El Shakour, H.E. e El-Bahnasawy, A.M. (2012). Avaliação da qualidade da água do rio Nilo em Rosetta Branch: Impacto da descarga de drenos. *Mid. Eas. J. Sci Res.,* **12:** 413423.

Fagan, P.K.; Hornitzky, M.A.; Bettelheim, K.A. e Djordjevic, S.P. (1999). Deteção dos genes da toxina semelhante à Shiga (*stx1* e *stx2*), da intimina (*eaeA*) e da hemolisina de *Escherichia coli* enterohemorrágica (EHEC) (EHEC *hlyA*) em fezes de animais por PCR multiplex. *Appl. Environ. Microbiol,* **65:** 868-872.

FDA (Food and Drug Administration) (2006). Surtos de *E. coli* em espinafres e alfaces: emitiu um alerta aos consumidores sobre um surto de *E. coli* O157:H7 associado ao consumo de espinafres frescos ensacados em vários estados.

Feacham, R.G. (1975). Um papel melhorado para os rácios de coliformes fecais e estreptococos fecais na diferenciação entre fontes de poluição humanas e não humanas. *Water Res.,* **9:** 689-698.

Fei Fan, T.; Hsiao-Lou, C.; Yuan-Tung, H. e KoÂChien, W. (1957). Estudos sobre a etiologia do tracoma com especial referência ao isolamento do vírus em embriões de pinto. *Chinese Med. J.,* **75:** 429-446.

Fewtrell, L. e Bartram, J. (2001). Water quality: Guidelines, standards and health. World Health Organization Water Series IWA Publishing, Londres, Reino Unido.

Field, K.G. e Samadpour, M. (2007). Rastreio de fontes fecais, o paradigma do indicador e a gestão da qualidade da água. *Water Res.,* **41:** 3517-3538.

Fields, B.S. (1996). The molecular ecology of legionellae. *Trends Microbiol,* **4:** 286-290.

Fields, B.S.; Benson, R.F. e Besser, R.E. (2002). *Legionella* and Legionnaires' disease: 25 anos de investigação. *Clin. Microbiol. Rev.,* **15:** 506-526.

Fincher, L.M.; Parker, C.D. e Chauret, C.P. (2009). Ocorrência e resistência a antibióticos de *Escherichia coli*

O157:H7 numa bacia hidrográfica no centro-norte do Indiana. *Environ. Qual.,* **38:** 997-1004.

Finkel, S.E. (2006). Long-term survival during stationary phase: evolution and the GASP phenotype (Sobrevivência a longo prazo durante a fase estacionária: evolução e fenótipo GASP). *Nat. Rev. Microbiol,* **4:** 113-120.

Fitzhenry, R.J.; Pickard, D.J.; Hartland, E.L.; Reece, S.; Dougan, G.; Phillips, A.D. e Frankel, G. (2002). Intimin type influences the site of human intestinal mucosal colonisation by enterohaemorrhagic *Escherichia coli* O157:H7. *Gut.,* 50: 180-185.

Flint, K.P. (1987). A sobrevivência a longo prazo de *Escherichia coli* na água do rio. *J. Appl. Bacteriol.,* **63:** 261-270.

Fraser, D.W.; Tsai, T.R. Orenstein, W.; Parkin, W.E.; Beecham, H.J.; Sharrer, R.G.; Harris, J.; Mallison, G.F.; Martin, S.M.; McDade, J.E. e Shepard, C.C. (1977). Legionnaires disease: description of an epidemic of pneumonia (Doença dos legionários: descrição de uma epidemia de pneumonia). *N. Engl. J. Med.*, **297**: 1189-1197.

Fratamico, P.M.; Bagi, L.K. e Pepe, T. (2000). Um ensaio de reação em cadeia da polimerase multiplex para deteção e identificação rápidas de *Escherichia coli* O157:H7 em alimentos e fezes de bovinos. *Food Prot.*, **63**: 1032-1037.

Fujisawa, T.; Sata, S.; Aikawa, K.; Takahashi, K.; Yamai, S. e Shimasa, T. (2000). Modificação do meio Sorbitol MacConkey contendo cefixima e telurito para isolamento de *Escherichia coli* O157:H7 de rebentos de rabanete. *Appl. Environ. Microbiol.*, 3117-3118.

Gabutti, G.; De-Donno, A.; Bagordo, F. e Montagna, M.T.

(2000) . Sobrevivência comparativa de contaminantes fecais e humanos e utilização de *Staphylococcus aureus* como indicador efetivo de contaminação humana. *Marine Poll. Bull,* **40**: 697700.

Galland, J.C.; Hyatt, D.R.; Crupper, S.S. e Acheson, D.W. (2001). Prevalência, suscetibilidade a antibióticos e diversidade de isolados de *Escherichia coli* O157:H7 de um estudo longitudinal de confinamentos de bovinos de carne *Appl. Environ. Microbiol.*, **67**: 1619-1627.

Gannon, V.P.; King, R.K.; Kim, J.Y. e Thomas, E.J. (1992). Método rápido e sensível para a deteção de *Escherichia coli* produtora da toxina Shiga- like em carne de vaca moída utilizando a reação em cadeia da polimerase. *Appl. Environ. Microbiol.* **58**: 3809-3815.

Gannon, V.P.; D'Souza, S.; Graham, T.; King, R.K.; Rahn, K. e Read, S. (1997). Utilização do gene flagelar H7 como alvo em ensaios de PCR multiplex e maior especificidade na identificação de estirpes de *Escherichia coli* enterohemorrágicas. *J. Clin. Microbiol,* **35**: 656-662.

Garcia-Aljaro, C.; Muniesa, M.; Jofre, J. e Blanch, A.R. (2004). Prevalência do gene *stx* (2) em populações de coliformes de ambientes aquáticos. *Appl. Environ. Microbiol,* **70**: 3535-3540.

Garcia-Aljaro, C.; Bonjoch, X. e Blanch, A.R. (2005) Utilização combinada de um método de separação imunomagnética e de immunoblotting para a contagem e o isolamento de *Escherichia coli* O157 em águas residuais. *J. Appl. Microbiol,* **98**: 589-597.

Garrity, G.M. (2005). Bergey's Manual of Systematic Bacteriology, Springer. P. 1338.

Gautam, A.K.; Kumar, S. e Sabumon, P.C. (2007). Preliminary study of physico-chemical treatment options for hospital wastewater. *J. Environ. Manag.*, **83**: 298-306.

Giannoulis, N.; Maipa, V.; Konstantinou, I. e Albanis, T.; Dimoliatis, I.

(2005). Avaliação do risco microbiológico das fontes de abastecimento de Agios Georgios, no noroeste da Grécia, com base na determinação de coliformes fecais e na inspeção sanitária. *Chemosphere,* **58:** 1269-1276.

Gomes, B.C. e De Martinis, E.C.P. (2004). Destino de *Helicopacter pylori* inoculado artificialmente em amostras de alface e cenoura. *Braz. J. Microbiol.,* **35:** 145-150.

Goodwin, C.S. e Armstrong, J.A. (1990). Microbiological aspects of *Helicobacter pylori (Campylobacter pylori). Eur. J. Clin. Microbiol. Infect. Dis.* **9:** 1-13.

Grabow, W.O.K.; Very, A.; Uys, M. e de-Villiers, J.C. (1998). Avaliação da aplicação de bacteriófagos como indicadores da qualidade da água. Relatório WRC nº 540/1/98. *Comité de Investigação da Água,* Pretória.

Graczyk, T.K.; Sunderland, D.; Tamang, L.; Shields, T.M.; Lucy, F.E. e Breysse, P.N. (2007). Uma avaliação quantitativa do impacto da densidade de banhistas nos níveis de esporos de microsporídios virulentos para humanos em águas recreativas. *Appl. Environ. Microbiol,* **73:** 4095- 4099.

Grad, M.K.; Fitzerald, M. e Sheridan, J.J. (2000). A sobrevivência de *Escherichia coli* O157:H7 adicionada em água mineral natural e seus produtos e o desenvolvimento de um método rápido para a contagem de bactérias heterotróficas em água mineral natural. *Bacteriol,* **30:** 291-305.

Graham, D.Y.; Malaty, H.M.; Evans, D.G.; Evans, D.J.; Klein, P.D. e Adam, E. (1991). Epidemiology of *Helicobacter pylori* in an asymptomatic population of the United States. *Gastroenterol,* **100:** 1495-1506.

Green, P.N. (1993). Eficácia dos biocidas em biofilmes de *Legionella* gerados em laboratório. *Lett. Appl. Microbiol,* **17:** 158-161.

Grey, B. e Steck, T.R. (2001). Concentrações de cobre que se pensa serem tóxicas para *Escherichia coli* podem induzir a condição de viável mas não cultivável. *Appl. Environ. Microbiol,* **67:** 5325-5327.

Griffin, D.W.; Gibson, C.J.; Lipp, E.K.; Riley, K.; Paul, J.H. e Rose, J.B. (1999). Deteção de agentes patogénicos virais por PCR de transcriptase reversa e de indicadores microbianos por métodos padrão nos canais das Florida Keys. *Appl. Environ. Microbiol.,* **65:** 4118-4125.

Gyles, C.L. (2007). *Escherichia coli* produtora de toxina Shiga: An overview. *J. Anim Sci.,* **85:** 45-62.

Haas, C.N. (1999). Desinfeção. Qualidade e tratamento da água: A Handbook of community water supplies. (Letterman, R.D., editor.) McGraw-Hill, Nova Iorque, NY. Pp. 877-932.

Haller, L.; Pote', J.; Loizeau, J-L. e Wildi, W. (2009). Distribuição e sobrevivência de bactérias indicadoras fecais nos sedimentos da Baía de Vidy, Lago Genebra, Suíça. *Biol. Indic.,* **9:** 540-547.

Hamelin, K.; Bruant, G.; El-Shaarawi, A.; Hill, S.; Edge, T.A.; Fairbrother, J.; Harel, J.; Maynard, C.; Masson, L. e Brousseau, R (2007). Ocorrência de genes de virulência e de resistência antimicrobiana em isolados de *Escherichia coli* de diferentes ecossistemas aquáticos nas áreas do rio St. Clair e do rio Detroit. *Appl. Environ. Microbiol,* **73:** 477-484.

Harmon, B.G.; Brown, C.A.; Doyle, M.P. e Zhao, T. (2000). Enterohemorrhagic *Escherichia coli* in Ruminant Hosts, p. 201-215. *Em* C. A. Brown e C. Bolin (eds.), Emerging Diseases of Animals. *ASM Press,* Washington D.C.

Harrison, T.G. e Taylor, A.G. (1988). A Laboratory Manual for *Legionella.* Grã-Bretanha, John Wiley & Sons Ltd.

Harwood, V.J.; Levine, A.D.; Scott, T.M.; Chivukula, V.; Lukasik, J. e Farrah, S.R. (2005). Validade do paradigma do organismo indicador para a redução de agentes patogénicos na água para reutilização e proteção da saúde pública. *Appl. Environ. Microbiol,* **71:** 3163-3170.

Hassan, A.N. e Frank, J.F. (2004). Fixação de *Escherichia coli* O157:H7 cultivada em caldo de soja tríptico e caldo nutriente a superfícies de maçã e alface em relação à hidrofobicidade celular, carga de superfície e produção de cápsulas. *Int. J. Food Microbiol,* **96:** 103-109.

Hatakeyama, M. e Brzozow, T. (2006). Patogénese da infeção por *Helicobacter pylori. Helicobacter,* **11:** 14-20.

Heath, C.H.; Grove, D.I. e Looke, D.F. (1996). Atraso na terapia adequada da pneumonia por *Legionella* associada a um aumento da mortalidade. *European J. Clin. Microbiol. Infect. Dis.,* **15:** 286-290.

Heijnen, L. e Medema, G. (2006). Deteção quantitativa de *E. coli, E. coli* O157 e outras *E. coli* produtoras de toxina shiga em amostras de água utilizando um método de cultura combinado com PCR em tempo real. *J. Water Hea.,* **4:** 487-498.

Henke, M. e Seidel, K.M. (1986). Associação entre *Legionella pneumophila* e amebas na água. *Isr. J. Med. Sci.,* **22:** 690-695.

Higgins, J. e Hohn, C. (2008). Efeitos de contaminantes químicos prevalecentes em água doce no crescimento in vitro de *Escherichia coli* e *Klebsiella pneumonia. Environ. Poll.,* **152:** 259-266.

Hirsch, R.; Ternes, T.; Haberer, K. e Kratz, K.L. (1999). Ocorrência de antibióticos no ambiente aquático. *Sci. Total Environ.,* **225:** 109-118.

Hoffman, P.S.; Pine, L. e Bell, S. (1983). Produção de superóxido e peróxido de hidrogénio em meio utilizado para a cultura de *Legionella pneumophila*: decomposição catalítica por carvão vegetal. *Appl. Environ. Microbiol,* **45:** 784-791.

Hölzel, C.S.; Schwaiger, K.; Harms, K.; Kuchenhoff, H.; Kunz, A.; Meyer, K.; M'uller, C. e Bauer, J. (2010). Lamas de esgoto e estrume líquido de suínos como possíveis fontes de bactérias resistentes a antibióticos. *Environ. Res.,* **110:** 318326.

Hookey, J.V.; Sauders, N.A.; Fry, N.K.; Birtles, R.J. e Harrison, T.G. (1996). Filogenia de Legionellaceae em sequências de ADN ribossómico de subunidade pequena e proposta de *Legionella lytica* comb. nov. para agentes patogénicos amebais *semelhantes a* Legionella. *Int. J. Systematic. Bacteriol.,* **46:** 526-531.

Horman, A.; Rimhanen-Finne, R.; Maunula, L.; Von Bonsdorff, C.H.; Torvela, N.; Heikinheimo, A. e Hanninen, M.L. (2004). *Campylobacter* spp., *Giardia* spp., *Cryptosporidium* spp., Norovírus e organismos indicadores em águas superficiais no sudoeste da Finlândia, 20002001. *Appl. Environ. Microbiol.,* **70:** 87-95.

Hsu, C.F.; Tsai, T.Y. e Pan, T.M. (2005). Utilização do sistema duplex TaqMan PCR para a deteção de *Escherichia coli* O157 produtora da toxina Shiga-like. *J. Clin. Microbiol,* **43:** 2668-2673.

Hubbard, R.B.; Mathur, R.M. e MacFarlane, J.T. (1993). Pneumonia grave por *Legionella* adquirida na comunidade: tratamento, complicações e resultados. *Q. J. Med.,* **86:** 327-332.

Hunter, P.R. (1997). Água potável e doenças transmitidas pela água. In: Hunter, P.R. editor. Waterborne disease: epidemiology and ecology (Doenças transmitidas pela água: epidemiologia e ecologia). Nova Iorque: Wiley, 27-41.

Irvine, K.N.; Pettibone, G.W. e Droppo, I.G. (1995). Indicator bacteria sediment relationships: implications for water quality modeling and monitoring, **p.** 205-230. Em James, W. (ed.), Modern methods for modeling the management of stormwater impacts. Computational Hydraulics International, Guelph, Ontário, Canadá.

Ishii, S.; Hansen, D.L.; Hicks, R.E. e Sadowsky, M.J. (2007). Beach sand and sediments are temporal sinks and sources of *Escherichia coli* in Lake Superior. *Environ. Sci. Technol.,* **41:** 2203-2209.

ISO (Organização Internacional de Normalização) (1991). Guidance on sampling of drinking water and water used for food and beverage processing (ISO 5667-5), Genebra.

Janzen, A. (2009). Cloração de águas subterrâneas: Onde é que se encaixa na curva? Understanding The Breakpoint Chlorination Curve And How It Impacts Achieving A 4-Log Virus Reduction Requirement (Compreender a curva de cloração do ponto de rutura e o seu impacto no cumprimento de um requisito de redução de vírus de 4 logs). Uma versão actualizada do Alberta Environment's *Code of Practice for Waterworks Systems.* 2938 - 11 Street NE, Calgary.

Jerris, R.C. (1995). *Helicobacter.* In: Murray. P.R.; Baron, E.J.; Pfaller, M.A,; Tenover, F.C.; Yolken, R.H. editores. Manual de microbiologia clínica. 6th ed. Washington, D.C., EUA: *Am. Soc. Microbiol.* p. 492.

Johnson, W.; Lior, M. e Bezanoson, G.S. (1983). *E. coli* citotóxica O157:H7 associada a colite hemorrágica no Canadá. *Lancet,* **1:** 76-87.

Jolibois, B. e Guerbet, M. (2006). Genotoxologia das águas residuais hospitalares. *Ann. Occup. Hyg.,* **50:** 189-196.

Jomkumsing, K. (2003). Preparação óptima de amostras de água para recuperação de *Legionella pneumophila.* Tese de Mestrado em Doenças Infecciosas, Faculdade de Estudos Graduados, Universidade Mahidol.

Joret, J.C.; Mennecart, V.; Robert, C.; Compagnon, B. e Cervantes, P. (1997). Inativação de bactérias indígenas na água por ozono e cloro. *Water Sci. Tech.,* **35:** 8186.

Kaper, J.B.; Nataro, J.P. e Mobley, H.L.T. (2004). *Escherichia coli* patogénica. *Nat. Rev. Microbiol,* **2:** 123140.

Kapperud, G.; Vardund, T.; Skjerve, Hornes, E. e Michaelsen, T.E. (1993). Deteção de *Yersinia enterocolitica* patogénica em alimentos e água por separação imunomagnética, reacções em cadeia da polimerase aninhadas e deteção colorimétrica de ADN amplificado. *Appl. Environ. Microbiol,* **59:** 2938-2944.

Karita, M.; Teramukai, S. e Matsumoto, S. (2003). O risco de transmissão de *Helicobacter pylori* através da água de poços é maior do que através de membros interfamiliares infectados no Japão. *Dig. Dis. Sci.,* **48:** 1062-1067.

Karmali, M.A. (1989). Infeção por *Escherichia coli* produtora de verocitotoxina. *Clin. Microbiol. Rev.,* **2:** 15-38.

Kay, D.; Edwards, A.C.; Ferrier, R.C.; Francis, C.; Kay, C. e Rushby, L. (2007). Catchment microbial dynamics: the emergence of a research agenda. *Prog. Phys. Geogr.,* **31:** 59-76.

Kelly, S.M.; Pitcher, M.C.L.; Farmery, S.M. e Gibson, G.R. (1994).

Isolamento de *Helicobacter pylori a* partir de fezes de pacientes com dispepsia no Reino Unido. *Gastroenterol,* **107:** 1671-1674.

Kerr, M.; Fitzgerald, M.; Sheridan, J.J.; McDowell, D.A. e Blair, I.S. (1999). Survival of *Escherichia coli* O157:H7 in bottled natural mineral water (Sobrevivência de *Escherichia coli* O157:H7 em água mineral natural engarrafada). *J. Appl. Microbiol,* **87:** 833- 841.

Khan, A. (2010). Empresa da Pensilvânia recolhe produtos de carne de vaca moída devido a possível contaminação por *E. coli* O26. *Em* F. S. a. I. S. U.S. Department of Agriculture (ed.).

Kim, B.R.; Anderson, J.E.; Mueller, S.A.; Gaines, W.A. e Kendall, A.M. (2002). Revisão da literatura - eficácia de vários desinfectantes contra *Legionella* em sistemas de água. *Water Res.,* **36:** 4433-4444.

Klein, N.C. e Cunha, B.A. (1998). Tratamento da doença do legionário. *Semin. Respir. Infect.,* **13:** 140-146.

Klinphoklang, A. (2005). Deteção de espécies de *Legionella* em amostras de água do Hospital do Exército de Supanaree. Tese de Mestrado. Universidade de Tecnologia de Suranaree. Tailândia.

Kong, R.Y.; Lee, S.K.; Law, T.W.; Law, S.H. e Wu, R.S. (2002). Deteção rápida de seis tipos de agentes patogénicos bacterianos em águas marinhas por PCR multiplex. *Water Res.,* **36:** 28022812.

Korhonen, L.K. e Martikaine, P.J. (1991). Survival of *Escherichia coli* and *Campylobacter jejuni* in untreated and filtered lake water. *J. Appl. Bacteriol.,* **71:** 379-382.

Kramer, M.H. e Ford, T.E. (1994). Legionellosis: factores ecológicos de uma doença "nova" do ponto de vista ambiental. *Zentralbl. Hyg. Umweltmed,* **195:** 470-482.

Krumbiegel, P.; Lehmann, I.; Alfreider, A.; Fritz, G.J.; Boeckler, D.; Rolle-Kampczyk, U.; Richter, M.; Jorks, S.; Müller, L.; Richter, M.W. e Herbarth O. (2004). Determinação de *Helicobacter pylori* em água potável não municipal e resultados epidemiológicos. *Isotopes in Environ. Health Stu.,* **40:** 75-81.

Kudva, I.T.; Blanch, K. e Hovde, C.J. (1998). Análise de *Escherichia coli* O157:H7 em estrume de ovinos ou bovinos e chorume de estrume. *Appl. Environ. Microbiol,* **64:** 3166-3174.

Kümmerer K. (2004). Resistência no ambiente. *J. Antimicrobial. Chemother,* **54:** 311-320.

Kutcha, J.M.; States, S.J.; McNamara, A.M.; Wadowsky, R.M. e Yee, R.B. (1983). Suscetibilidade da *Legionella pneumophila* ao cloro na água da torneira. *Appl. Environ. Microbiol,* **46:** 1134-1139.

Langmark, J.; Storey, M.V.; Ashbolt, N.J. e Stenstrom, T.A. (2005). Acumulação e destino de microorganismos e microesferas em biofilmes formados num sistema de distribuição de água à escala piloto. *Appl. Environ. Microbol.,* **71:** 706712.

Laroche, E.; Petit, F.; Fournier, M. e Pawlak, B. (2010). Transporte de *Escherichia coli* resistente a antibióticos num abastecimento público de água cársica rural. *J. Hydrol,* **392:** 12-21.

Lau, H.Y. e Ashbolt, N.J. (2009). O papel dos biofilmes e protozoários na patogénese *da Legionella*: Implicações para a água potável. *J. Appl. Microbiol,* **107:** 368-378.

Law, D. e Kelly, J. (1995). Utilização de heme e hemoglobina por *Escherichia coli* O157 e outros serogrupos de *E. coli* produtores de toxinas semelhantes a Shiga. *Infect. Immun.,* **63:** 700-702.

LeChevallier, M.W.; Cameron, S.C. e Mcfeters, G.A. (1983). Novo meio para uma melhor recuperação de bactérias coliformes da água potável. *Appl. Environ. Microbiol.,* **45:** 484- 492.

LeChevallier, M.W.; Lowry, C.D.; Lee, R.G. e Gibbon, D.L. (1993). Examinar a relação entre a corrosão do ferro e a desinfeção de bactérias de biofilme. *J Am. Water Works Assoc.,* **7:** 111-123.

LeJeune, J.T.; Besser, T.E. e Hancock, D.D. (2001). Bebedouros de gado como reservatórios de *Escherichia coli* O157. *Appl. Environ. Microbiol,* **67:** 3053-3057.

Lessard, E.J. e Sieburth, J.M. (1983). Survival of natural sewage populations of enteric bacteria in diffusion and batch chambers in the marine-environment. *Appl. Environ. Microbiol,* **45:** 950-959.

Ling, H.; Boodhoo, A.; Hazes, B.; Cummings, M.D.; Armstrong, G.D.; Brunton, J.L. e Read, R.J. (1998). Estrutura do pentâmero B da toxina I do tipo shiga complexado com um análogo do seu recetor Gb3. *Biochem.,* **37:** 17771788.

Lingwood, C.A. (1998). Ligação da toxina Shiga (verotoxina) ao seu recetor glicolípido, p. 129-139. *Em* A. D. O'Brien e J. B. Kaper (eds.), *Escherichia coli* O157:H7 e outras estirpes de *E. coli* produtoras de toxina Shiga. *ASM,* Washington, DC. EUA.

Lu, J.M. e Xu, Y. (2006). Investigação da microbiologia dos esgotos em Guangzhou, no Sul da China. *J. Preven. Med.,* **32:** 68-69.

Lu, Y.; Redlinger, T.E.; Avitia, R.; Galindo, A. e Goodman, K. (2002). Isolamento e genotipagem de *Helicobacter pylori a* partir de águas residuais de minicipais não tratadas. *Appl. Environ. Microbiol,* **68:** 1436-1439.

Maal-Bared, R.; Bartlett, K.H.; Bowie, W.R. e Hall, E. (2013). Resistência fenotípica a antibióticos de *Escherichia coli* e *E. coli* O157 isoladas da água, sedimentos e biofilmes numa bacia hidrográfica agrícola na Colúmbia Britânica. *Sci. Tot. Environ.,* **443:** 315-323.

Mahvi, A.; Rajabizadeh, A.; Fatehizadeh, A.; Yousefi, N.; Hosseini, H. e Ahmadian, M. (2009). Estudo das condições de tratamento das águas residuais e da qualidade dos efluentes dos hospitais da província de Kerman. *World Appl. Sci. J.,* **7:** 15211525.

Malfertheiner, P.; Megraud, F.; O'Morain, C.; Bazzoli, F.; El-Omar, E. e Graham, D. (2007). Grupo Europeu de Estudo do *Helicobacter* (EHSG). Conceitos actuais na gestão da infeção por *Helicobacter pylori*: o Relatório de Consenso de Maastricht III. *Gut.,* **56:** 772-781.

Manafi, M. e Kremsmaier, B. (2001). Avaliação comparativa de diferentes meios cromogénicos/flurogénicos para a deteção de *Escherichia coli* O157:H7 em alimentos. *Int. Food Microbiol.* **71:** 257-262.

Mannix, M.; Whyte, D.; McNamara, E.; O'Connell, N.; Fitzgerald, R.; Mahony, M.; Prendiville, T.; Norris, T.; Curtin, A.; Carroll, A.; Whelan, E.; Buckley, J.; McCarthy, J.; Murphy, M. e Greally, T. (2005). Grande surto de *E. coli* O157 em 2005, *Irlanda. Eurosurveillance,* **12:** 54-56.

Marshall, M.M.; Naumovitz, D.; Ortega, Y. e Sterling, C.R. (1997). Protozoários patogénicos transmitidos pela água. *Clin. Microbiol. Rev.,* **10:** 67-85.

Matthess, G.; Foster, S.D. e Skinner, A.C. (1985). Fundamentos teóricos, hidrogeologia e prática das zonas de proteção das águas subterrâneas. *IAH Int. Contribut. Hydrogeol.* **6:** 150- 161.

Mazari-Hiriart, M.; Lopez-Vidal, Y.; Ponce-de-Leon, S.; Calva, J.J.; Rojo-Callejas, F. e Castillo-Rojas, G. (2005). Estudo longitudinal da diversidade microbiana e da sazonalidade no sistema de abastecimento de água da área metropolitana da Cidade do México. *Appl. Environ. Microbiol,* **71:** 5129-5137.

McCoy, W.F. (2005). Preventing Legionellosis (Prevenção da Legionelose). Londres, *IWA* Publishing.

McDade, J.E. (2002). Legionnaires' Disease 25 Years Later: Lessons Learned. *Legionella.* R. Marre, Y. Abu Kwaik, C. Bartlett *et al.* Washington, D.C., *ASM Press:* 1-10.

McDaniels, A.E.; Rice, E.W.; Reyes, A.L.; Johnson, C.H.; Haugland,

R.A. e Stelma, G.N. (1996). Identificação confirmatória de *Escherichia coli*, uma comparação de ensaios genotípicos e fenotípicos para glutamato descarboxilase e β-D-glucuronidase. *Appl. Environ. Microbiol,* **62:** 3350-3354.

McDonough, P.L.; Rossiter, C.A.; Rebhun, R.B.; Stehman, S.M.; Lein, D.H. e Shin, S.J. (2000). Prevalência de *Escherichia coli* O157:H7 em vacas leiteiras de descarte no estado de Nova Iorque e comparação dos métodos de cultura utilizados durante as investigações de segurança alimentar pré-colheita. *J. Clin. Microbiol,* **38:** 318-322.

McFeters G. A.; Kippin, J. S. e Le Chevallier M.W. (1986). Injuried coliformes in drinking water *Appl. Environ. Microbiol.,* **51:** 1-5.

McGee, P.; Bolton, D.J.; Sheridan, J.J.; Earley, B.; Kelly, G. e Leonard, N. (2002). Survival of *Escherichia coli* O157:H7 in farm water: its role as a vetor in the transmission of the organism within herds. *J Appl. Microbiol,* **93:** 706-713.

McKenna, S. M. e Davies, K.J.A. (1988). Bacterial killing by phagocytes: potential role(s) of hypochlorous acid and hydrogen peroxide in protein turnover, DNA synthesis, and RNA synthesis. *Basic Life Sci.,* **49:** 829-832.

Mead, P.S.; Slutsker, L.; Dietz, V.; McCaig, L.F.; Bresee, J.S.; Shapiro, C.; Griffin, P.M. e Tauxe, R.V. (1999). Doenças e mortes relacionadas com a alimentação nos Estados Unidos. *Emerg. Infect. Dis.,* **5:** 607-625.

Medema, G.; Bahar, M. e Schets, F. (1997). Sobrevivência de *Cryptosporidium parvum, Escherichia coli, Enterococos fecais* e *Clostridium perfringens* na água do rio: Influência da temperatura e dos microorganismos autóctones. *Water Sci. Technol.,* **35:** 249-252.

Meng, J.; Doyle, M.P.; Zhao, T. e Zhao, S. (2007). *Escherichia coli* entrohemorrágica. In: Doyle M.P e Beuchat, L.R, microbiologia alimentar: Fundamentals and frontiers. 3rd Ed. *ASM press,* Washigton D.C. USA. pp. 249-268.

Mermel, L.A.; Joesephson, S.L.; Giorgio, C.H.; Dempsey, J. e Parenteau, S. (1995). Association of Legionnaires disease with construction: contamination of potable water? *Infect. Contr. Hosp. Epidemiol.,* **16:** 76-85.

Metcalf, A. e Eddy, A. (1991). Wastewater engineering, 3rd ed. McGraw-Hill, Nova Iorque, 1334pp.

Metcalf, A. e Eddy, A. (2003). Engenharia de águas residuais: Tratamento e reutilização. 4th ed. McGraw-Hill. New, York. EUA.

Meyer-Broseta, S.; Bastian, S.N.; Arne, P.D.; Cerf, O. e Sanaa, M.

(2001). Revisão de inquéritos epidemiológicos sobre a prevalência de contaminação de bovinos saudáveis com o serogrupo O157:H7 de *Escherichia coli. Int. J. Hyg. Environ. Health,* 203: 347-361.

Moeller, I.R. e Calkins, S. (1980). Agentes bactericidas em lagoas de águas residuais e conceção de lagoas. *J. Water Poll. Control Fed.,* 52: 2441-2451.

Morato, J.; Mir, J.; Codony, F.T.; Mas, J.T. e Ribas, F. (2003). Microbial response to disinfectants in Handbook of Water and Wastewater Microbiology (Mara, D.; Horan, N.; eds.). Espanha: Academic Press. 657-690.

Moreno, Y.; Piqueres, P.; Alonso, J.L.; Jimenez, A. e Ferrus, M.A. (2007). Sobrevivência e viabilidade de *Helicobacter pylori* após inoculação em água potável clorada. *Water Res.,* 41: 3490-3496.

Morgan, G.M.; Newman, C.; Palmer, S.R.; Allen, J.B.;

Shepherd, W.; Rampling, A.M.; Warren, R.E.; Gross, R.J.; Scotland, S.M. e Smith, H.R. (1988). Primeiro surto comunitário reconhecido de colite hemorrágica devido a *Escherichia coli* O157:H7 produtora de verotoxina no Reino Unido. *Epidemiol. Infect.,* 101: 83-91.

Morrill, W.E.; Fields, B.S.; Sanden, G.N. e Martin, W.T. (1990). Increased recovery of *Legionella micdadei* and *Legionella bozemanii* on buffered charcoal yeast extract agar supplemented with albumin. *J. Clin. Microbiol,* 28: 616-622.

Mudryk, Z.; Perlinski, P. e Skorczewski, P. (2010). Deteção de bactérias resistentes a antibióticos que habitam a areia de uma praia marinha não recreativa. *Mar. Pollut. Bull,* 60: 207-214.

Muniesa, M.; Jofre, J.; Garcia-Aljaro, C. e Blanch, A.R. (2006). Ocorrência de *Escherichia coli* O157:H7 e outras *Escherichia coli* enterohemorrágicas no ambiente. *Environ. Sci. Technol.,* 40: 7141-7149.

Muraca, P.; Stout, J.E. e Yu, V.L. (1987). Avaliação comparativa de cloro, calor, ozono e luz UV para matar *Legionella pneumophila* dentro de um modelo de sistemas de canalização. *Appl. Environ. Microbiol.,* 53: 447-453.

MWRI (Ministério dos Recursos Hídricos e Irrigação) (2003).

Estudo de gestão da qualidade da água do rio Nilo. Contrato de reforma da política da água do Egipto nº LAG-I-00-99-00017-00. Ordem de trabalho, 815.

Naficy, A.B.; Frenck, R.W.; Abu-Elyazeed, R.; Kim, Y.; Rao, M.R.; Savarino, S.J.; Wierzba, T.F.; Hall, E. e Clemens, J.D. (2000). Seroepidemiologia da infeção por *Helicobacter pylori* numa população de crianças egípcias. *Int. J. Epidemiol.,* 29: 928-932.

NARMS. (2000). Sistema Nacional de Monitorização da Resistência aos Antibióticos: Bactérias entéricas. 2000. NARMS, CDC. Tipo de referência: Genérico.

Nataro, J.P. e Kaper, J.B. (1998). *Escherichia coli* diarreiogénica. *Clin. Microbiol. Rev.,* **30:** 142- 201.

NCCLS, (2007). Norma de desempenho para testes de suscetibilidade antimicrobiana; décimo sétimo suplemento informativo. Esta norma contém as directrizes actuais do Clinical and Laboratories Standards Institute (CLSI) - métodos recomendados para testes de suscetibilidade em disco, critérios para testes de controlo de qualidade e tabelas actualizadas para o diâmetro interpretativo da zona, M100-S17.

Nielsen, K.; Bangsborg, M.J. e H0iby, N. (2001). Suscetibilidade de espécies de *Legionella* a cinco antibióticos e desenvolvimento de resistência por exposição a eritromicina, ciprofloxacina e rifampicina. *Diagnos. Microbiol. Infect. Dis.,* **36:** 43-48.

NIH (Institutos Nacionais de Saúde dos Estados Unidos) (2007).

Relatório sobre a doença do legionário.

Nilsson, H.O.; Blom, J.; Abu-Al-Soud, W.; Ljungh, A.A.; Andersen, L.P. e Wadstrom, T. (2002). Effect of cold starvation, acid stress, and nutrients on metabolic activity of *Helicobacter pylori*. *Appl. Environ. Microbiol,* **68:** 1119.

Noble, R.; Moore, D.F.; Leecaster, M.K.; McGee, C.D. e Weisberg, S.B. (2003). Comparação da resposta dos indicadores bacterianos coliformes totais, coliformes fecais e enterococos para o teste da qualidade da água oceânica para fins recreativos. *Water Res.,* **37:** 1637-1643.

Nurgalieva, Z.Z.; Malaty, H.M.; Graham, D.Y.; Almuchambetova, R.; Machmudova, A.; Kapsultanova, D.; Osato, M.S.; Hollinger, F.B. e Zhangabylov, A. (2002). *Helicobacter pylori* infection in Kazakhstan: effect of water source and household hygiene. *Am. J. Trop. Med. Hyg., 67:* 201-206.

O'Brien, A.D. e LaVeck, G.D. (1983). Purificação e caraterização de uma toxina tipo *Shigella dysenteriae* 1 produzida por *Escherichia coli. Infect. Immun.,* **40:** 675683.

OIE (Manual Terrestre) (2008). Laboratory methodologies for bacterial Antimicrobial susceptibility testing, Chapter Book 1.1.6. 56-65.

Olatoye, I.O. (2010). A incidência e a suscetibilidade aos antibióticos de *Escherichia coli* O157:H7 da carne de bovino no município de Ibadan, Nigéria. *African J. Biotechnol.,* **9**:11961199.

Olivares, D. e Gisbert, J.P. (2006). Factores envolvidos na patogénese da infeção por *Helicobacter pylori. Revista. Espanola. de Enfermedades Digestivas,* **98:** 374-386.

Oliver, D.M.; Fish, R.D.; Hodgson, C.J.; Heathwaite, A.L.; Chadwick, D.R. e Winter, M. (2009). A cross disciplinary tool kit to assess the risk of faecal indicator loss from grassland farm systems to surface waters. *Agric. Ecosyst. Environ.,* **129:** 401-412.

On, S.L. e Holmes, B. (1992). Avaliação de testes de deteção enzimática úteis na identificação de Campylobacteria. *J. Clin. Microbiol,* **30:** 746-749.

Onesios, K.M.; Yu, J.T. e Bouwer, E.J. (2009). Biodegradação e remoção de produtos farmacêuticos e de higiene pessoal em sistemas de tratamento: uma revisão. *Biodeg.,* **20:** 441 466.

Orth, D.; Grif, K.; Zimmerhackl, L.B. e Wurzner, R. (2009). *Escherichia coli* O157 produtora de toxina Shiga fermentadora de sorbitol na Áustria. *Wien. Klin. Wochenschr.* **121:** 108-112.

Osek, J. (2003). Desenvolvimento de uma abordagem de PCR multiplex para a identificação de estirpes de *Escherichia coli* produtoras de toxina Shiga e dos seus principais genes de factores de virulência. *J. Appl. Microbiol,* **95:** 1217-1225.

OSHA (Manual Técnico) (2001). Doença do legionário.

Online.http://www.osha. gov/dts/osta/otm/otm_iii/otm_iii_7 .htm.

Pant, P.R. (2004). Meios adaptados para a deteção de *E. coli* e coliformes na amostra de água. *J. Tribhuvan. Univ.,* **24:** 4954.

Park, M.Y.; Ko, K.S.; Lee, H.K.; Park, M. e Kook, Y-H. (2003). *Legionella busanensis* sp. nov. isolada da água da torre de arrefecimento na Coreia. *Int. J. Syst. Evol. Microbiol.* **53:** 77-80.

Park, S. e Durst, R.A. (2000). Ensaio de imunolipossoma em sanduíche para a deteção de *Escherichia coli* O157:H7. *Anal. Biochem.,* **280:** 151-158.

Park, S.R.; MacKay, W.G. e Re, D.C. (2001). Espécies de *Helicobacter* recuperadas de biofilmes de água potável amostrados num sistema de distribuição de água. *Water Res.,* **35:** 16241636.

Paszko-Kolva, C.; Shahamat, M. e Colwell, R.R. (1993). Efeito da temperatura na sobrevivência de *Legionella pneumophila* no ambiente aquático. *Microb. Releases,* **2:** 73-79.

Patra, A.A.; Acharya, B. e Mahapatra, A. (2009).
Ocorrência e distribuição de bactérias indiactoras e patogénicas nas águas costeiras de Orissa. *Ind. J. Mar. Sci.,* **38:** 474-480.

Payment, P.; Trudel, M. e Plante, R. (1985). Eliminação de vírus e bactérias indicadoras em cada etapa do tratamento durante a preparação de água potável em sete estações de tratamento de água. *Appl. Environ. Microbiol.,* **49:** 14181428.

Payment, P.; Waite, M. e Dufour, A. (2003). Introdução de parâmetros para a avaliação da qualidade da água potável. Em: Dufour, A. (Ed.), Assessing Microbial Safety of Drinking Water: Improving Approaches and Methods. IWA Publishing, Londres, pp. 47-77.

Pedersen, J.; Yeager, M. e Suffet, I. (2003). Xenobiotic organic compounds in runoff from fields irrigated with treated wastewater. *J. Agric. Food Chem.,* **51:** 1360-1372.

Phe, M. H.; Dossot, M. e Block, J. C. (2004). Efeito da cloração na fluorescência de corantes de coloração de ácidos nucleicos. *Water Res.,* **38:** 3729-3737.

Pierard, D.; Muyldermans, G.; Moriau, L.; Stevens, D. e Lauwers, S. (1998). Identificação de novos genes da subunidade B variante da verocitotoxina tipo 2 em isolados de *Escherichia coli* humanos e animais. *J. Clin. Microbiol.,* **36:** 33173322.

Pitlik, S.; Berger, S.A. e Huminer, D. (1987). Infecções não entéricas adquiridas através do contacto com a água. *Rev. Infect. Dis.,* **9:** 54-62.

Polo, F.; Figueras, M.J.; Inza, I.; Sala, J.; Fleisher, J.M. e Guarro, J. (1998). Relação entre a presença de *Salmonella* e indicadores de contaminação fecal em habitats aquáticos. *F.E.M.S. Microbiol. Lett.,* **160:** 253-256.

Pourmoghaddas, H. e Stevens, A. (1995). Relação entre os ácidos trihalometano e halocético e o halogéneo orgânico total durante a cloração. *Water Res.,* **29:** 6366.

Prigent-Combaret, C.; Prensier, G.; Le Thi, T.T.; Vidal, O.; Lejeune, P. e Dorel, C. (2000). Via de desenvolvimento para a formação de biofilme em estirpes de *Escherichia coli* produtoras de curli: papel dos flagelos, curli e ácido colânico. *Environ. Microbiol,* **2:** 450-464.

Prüss, A.; Kay, D.; Fewtrell, L. e Bartram, J. (2002). Estimating the burden of disease from water, sanitation, and hygiene at a global level. *Environ. Health Perpect,* **110:** 537-542.

Queralt, N.; Bartolome, R. e Araujo, R. (2005). Deteção de ADN de *Helicobacter pylori* em fezes humanas e água com diferentes níveis de poluição fecal no nordeste de Espanha. *J. Appl. Microbiol,* **98:** 889-895.

Quilliam, R.S.; Williamsa, A.P.; Averyc, L.M.; Malhamb, S.K.; Davey

L. e Jonesa, D.L. (2011). Descoberta de agentes patogénicos humanos na interface agricultura-ambiente: Uma revisão dos métodos actuais para a deteção de *Escherichia coli* O157 em ecossistemas de água doce. *Agri. Eco. Environ.,* **140:** 354-360.

Ramadan, R. (2008). Pobreza da água no Egipto. Utilização de sistemas de informação geográfica no rastreio da relação entre a pobreza hídrica e o desenvolvimento (por aplicação em distritos do Egipto).http://balwois.mpl.ird.fr/balwois/administration/ful lpaper/ffp490.pdf.

Reavis, C. (2005). Alerta de saúde rural: *Helicobacter pylori* na água de poço. *J. Am. Acad. Nurse Pract.,* **17:** 283-289.

Reddy, K.R.; Khaleel, R. e Overcash, M.R. (1981). Comportamento e transporte de agentes patogénicos microbianos e organismos indicadores em solos tratados com resíduos orgânicos. *J. Environ. Qual.,* **10:** 255-266.

Reilly, W.R. e Carter, F.T. (1997). Surveillance of *E. coli* O157 in Scotland (No. V128/I). VTEC, 97: 3rd International Symposium and Workshop on Shiga Toxin (Verocytotoxin)-Producing *Escherichia coli* Infections, p. 16.

Ribeiro, A.F.; Laroche, E.; Hanin, G.; Fournier, M.; Quillet, L. e Dupont, J-P. (2012). *Escherichia coli* resistente a antibióticos em sistemas cársticos: um indicador biológico da origem da contaminação fecal. *F.E.M.S. Microbiol Ecol.,* **81:** 267-280.

Rice, E.W. e Johnson, C.H. (2000). Survival of *Escherichia coli* O157:H7 in dairy cattle drinking water. *J. Dairy Sci.,* **83:** 2021-2033.

Rice, E.W.; Clark, R.M. e Johnson, C.H. (1999). Inativação do cloro de *Escherichia coli* O157:H7. *Emerg. Infect. Dis.,* **5:** 461-463.

Riley, L.W.; Remis R.S.; Helgerson S.D.; McGee H.B.; Wells J.G.; Davis B.R.; Herbert R.J.; Olcott E.S.; johnson L.M.; Hargrett N.T.; blake, P.A. e cohen, M.L. (1983). Colite hemorrágica associada a um serótipo raro de *E. coli. N. Engl. J. Med.,* **308:** 681-685.

RKI (Instituto Ropert Koch) (2011). Relatório: Apresentação e avaliação dos resultados epidemiológicos anteriores relativos ao surto de EHEC/HUS O104:H4. 1-30.

Rocelle, M.; Clavero, S. e Beuchat, L.R. (1996). Sobrevivência de *Escherichia coli* O157:H7 em caldo e salame processado, influenciada pelo pH, atividade da água e temperatura e adequação dos meios para a sua recuperação. *Appl. Environ. Microbiol,* **62:** 2735-2740.

Roig, J.; Carreres, A. e Domingo, C. (1993). Tratamento da doença do legionário. *Curr. recommen. Drugs,* **46:** 63-79.

Rooklidge, S.J. (2004). Contaminação antimicrobiana ambiental por terracumulação e vias de poluição difusa. *Sci. Tot. Environ.,* **325:** 1-13.

Rosser, P.A.E. e Sartory, D.P. (1982). Uma nota sobre o efeito da cloração de efluentes de esgotos sobre os rácios de estreptococos fecais na diferenciação de fontes de poluição fecal. *Water S.A.,* **8:** 66-75.

Rowbotham, T.J. (1993). Patógenos amebais *do tipo Legionella. Em* Barbaree, J.M.; Breiman, R.F.; Dufour, A.P. eds. *Legionella*: Current Status and Emerging Perspectives, p. 137. *American Soc. Microbiology,* Washington, D.C.

Rupnow, M.F.T.; Shachter, R.D.; Owens, D.K. e Parsonnet, J. (2000). Um modelo de transmissão dinâmica para prever tendências em *Helicobacter pylori* e doenças associadas nos EUA. *Emer. Infec. Dis.,* **6:** 228-238.

Ryu, J-H. e Beuchat, L.R. (2005). Formação de biofilme por *Escherichia coli* O157:H7 em aço inoxidável: Efeito da produção de exopolissacarídeos e curli na sua resistência ao cloro. *Appl. Environ. Microbiol.,* **71:** 247-254.

Sabae, S. (2006). Variações espaciais e temporais de bactérias saprófitas, indicadores fecais e bactérias do ciclo de nutrientes no Lago Bardawil, Sinai, Egipto. *Int. J. Agri. Biol.,* **8:** 178189.

Sabria, M (2004). Culturas ambientais e doença do legionário adquirida no hospital. Um estudo prospetivo de 5 anos em 20 hospitais da Catalunha, Espanha. *Infect. Cont. Hosp. Epid.,* **25:** 1072-1076.

SABS, (2001). Especificação: Água potável (SABS 241: 2001). Gabinete de Normas da África do Sul, Pretória. África do Sul.

Salmon, R.L.,; Farrell, I.D.; Hutchison, J.G.; Coleman, D.J.; Gross, R.J.; Fry, N.K.; Rowe, B. e Palmer, S.R. (1989). Um surto de colite hemorrágica e síndrome hemolítico-urémico associado a *Escherichia coli* O157:H7 numa festa de batizado. *Epidemiol. Infect.,* **103:** 249254.

Salyers, A.A. e Whitt, D.D. (2002). Bacterial Pathogenisis: a molecular approach. 2[ed] edition *ASM* Press. Washington D.C. USA. 339-349.

Samhan, F.A. (1998).   Conteúdo microbiano e alguns factores que afectam a sobrevivência de bactérias na água potável no Grande Cairo. Tese de Mestrado. Faculdade de Ciências, Universidade do Cairo, Cairo, Egipto.

Sanchez, J.M.C. (1993). Cinética de reação do ácido húmico com hipoclorito de sódio. *Water Res.,* **27:** 815-820.

Sasaki, K.; Tajiri, Y.; Sata, M.; Fujii, Y.; Matsubara, F. e Zhao, M.

(1999). *Helicobacter pylori* no ambiente natural. *Scandinavian J. Infec. Dis.*, **31**: 275-280.

Saunder, J.R. (1999). Genetics and molecular ecology of *Escherichia coli* O157:H7, p. 1-26. *Em* C. S. Stewart e H. J. Flint (eds.), *Escherichia coli* O157 in farm animals. CABI Publishing, Nova Iorque. EUA.

Savichtcheva, O. e Okabe, S. (2006). Indicadores alternativos de poluição fecal: relações com agentes patogénicos e indicadores convencionais, metodologias actuais para a monitorização direta de agentes patogénicos e perspectivas de aplicação futura. *Water Res.*, **40**: 2463-2476.

Schets, M.F.; During, M.; Italiaander, R.; LeoHeijnen, S.; Rutjes, A.; Van der Zwaluw, W.K. e de Roda Husman, A.M. (2005). *Escherichia coli* O157:H7 na água potável de abastecimentos privados de água nos Países Baixos. *Water Res.,* **39**: 4485-4493.

Schroeder, C.M.; Zhao, C.; Debroy, C.; Torcolini, J.; Zhao, S.; White, D.G.; Wagner, D.D.; McDermott, P.F.; Walker, R.D. e Meng, J. (2002). Antimicrobial resistance of *Escherichia coli* O157 isolated from humans, cattle, swine, and food (Resistência antimicrobiana de *Escherichia coli* O157 isolada de humanos, bovinos, suínos e alimentos). *Appl. Environ. Microbiol,* **68**: 576-581.

Schwartz, T.; Kohnen, W.; Jansen, B. e Obst, U. (2003). Deteção de bactérias resistentes a antibióticos e respectivos genes de resistência em biofilmes de águas residuais, águas superficiais e água potável. *Microbiol,* **43**: 325-335.

Scotland, S.M.; Rowe, B.; Smith, H.R.; Willshaw, G.A. e Gross, R.J. (1988). Estirpes de *Escherichia coli* produtoras de citotoxina Vero de crianças com síndrome uraémica hemolítica e sua deteção por sondas de ADN específicas. *J. Med. Microbiol.*, *25*: 237-243.

Scott, T.M.; Rose, J.B.; Jenkins, T.M.,; Farrah, S.R. e Lukasik, J. (2002). Microbial source tracking: current methodology and future directions. *Appl. Environ. Microbiol,* **68**: 5796-5803.

Sidhu, J.P.S. e Toze, S.G. (2009). Patógenos humanos e seus indicadores em biossólidos: uma revisão da literatura. *Environ. Int.*, **35**: 187-201.

Silk, T.M. e Donnelly, C.W. (1997). Aumento da deteção de *Escherichia coli* O157:H7 contaminada com ácido em sidra de maçã autoclavada através da utilização de reparação não selectiva em ágar de soja tripticase. *J. Food Protec,* **60**: 1483-1486.

Singh, A.; Yeager, R. e McFeters, G. A. (1986). Avaliação da sobrevivência in vivo, crescimento e patogenicidade de estirpes de *E. coli* após lesão induzida por cobre e cloro. *Appl. Environ. Microbiol,* **52:** 832-837.

Sips, H.J. e Hamers, M.N. (1981). Mecanismo da ação bacteriana da mieloperoxidase: aumento da permeabilidade do envelope celular da *Escherichia coli. Infect. Immun.,* **31:** 11-16.

Skaliy, P.; Thompson, T.A.; Gorman, G.W.; Morris, G.K.; McEachern, H.V. e Mackel, D.C. (1980). Estudos laboratoriais de desinfectantes contra *Legionella pneumophila. Appl. Environ. Microbiol,* **40:** 697-700.

Smith, H.R.; Rowe, B.; Gross, R.J.; Fry, N.K. e Scotland, S.M. (1987). Haemorrhagic colitis and Vero-cytotoxin- producing *Escherichia coli* in England and Wales. *Lancet,* **1:** 1062-1065.

Sneath. P.H.A; Mair, N.S.; Sharpe, M.E. e Holt, J.G. (1986). Bergey's Manual of Systematic Bacteriology. Vol. 2, Williams & Wilkins, Baltimore, Md.

Snoeyink, V.L. e Jenkins, D. (1980) Water Chemistry. Nova Iorque, John Wiley and Sons.

Soliman, S.M. (2012). O Sistema de Informação Geográfica (SIG), uma ferramenta para ilustrar automaticamente as actividades microbiológicas em aquíferos de águas subterrâneas (Estudo de caso El Bahariya Oasis, Egipto). *J. Amer. Sci.,* **8:** 328337.

Solomakos, N.; Govaris, A.A.; Angelidis, S.A.; Pournaras, C.S.; Burriel, A.R.; Kritas, S.K. e Papageorgiou, D.K. (2009). Ocorrência, genes de virulência e resistência a antibióticos de *Escherichia coli* O157 isolada de leite cru de bovino, caprino e ovino na Grécia. *Food Microbiol, 26:* 865-871.

Sperandio, V.; Mellies, J.L.; Nguyen, W.; Shin, S. e Kaper, J.B. (1999). O quorum sensing controla a expressão da transcrição do gene de secreção do tipo III e a secreção de proteínas em *Escherichia coli* enterohemorrágica e enteropatogénica. *Proc. Natl. Acad. Sci. U.S.A.,* **96:** 15196-15201.

Sperandio, V.; Torres, A.G.; Giron, J.A. e Kaper, J.B. (2001). O quorum sensing é um mecanismo regulador global em *Escherichia coli* O157:H7 enterohemorrágica. *J. Bacteriol.* **183:** 5187-5197.

States, S.J.; Conley, L.F.; Kuchta, J.M.; Oleck, B.M.; Lipovich, M.J.; Wolford, R.S.; Wadowsky, R.M.; McNamara, A.M.; Sykora, J.L.; Keleti, G. e Yee, R,B. (1987). Sobrevivência e multiplicação de *Legionella pneumophila* em sistemas municipais de água potável. *Appl. Environ. Microbiol.,* **53:** 979-986.

Stephen, L.W.; ON, Lee, O.A.; O'Rourke, L.; Dewhirst, F.E.; Paster,

B.J.; FOX, J.G. e Vandamme, P. (1986). Família II. Helicobacteraceae. *Em* Don J. Brenner Noel R.

Edição de Krieg James T. Staley. Bergey's Manual of Systemic Bacteriology, Vol. 2, p. 1168.

Stevenson, T.H.; Lucia, L.M. e Acuff, G.R. (2000). Desenvolvimento de um meio seletivo para o isolamento de *Helicobacter pylori* de amostras de gado e carne de bovino. *Appl. Environ. Microbiol.,* 66: 723-727.

Stoeckel, D.M. e Harwood, V.J. (2007). Desempenho, conceção e análise em estudos de rastreio de fontes microbianas. *Appl. Environ. Microbial.,* 73: 2405-2415.

Stout, J.E. e Yu, V.L. (1997). Conceitos actuais (artigo de revisão): Legionelose. *N. Engl. J. Med.,* 337: 682- 687.

Sudhanandh, V.S.; Udayakumar, P.; Faisal, A.K.; Potty, V.P.; Ouseph, P.P.; Prasanthan, V. e Babu, K.N. (2012). Distribuição de bactérias entéricas potencialmente patogénicas em águas marinhas costeiras ao longo da costa sul de Kerala, Índia. *J. Environ. Biol.,* 33: 61-66.

Sun, Y.X.; Zhang, G.H. e Gu, P. (2006). Avanço da investigação sobre o risco toxicológico das águas residuais hospitalares para o ambiente aquático, *J. Hyg. Res.,* 5: 244-246.

Swerdlow, D.L.; Woodruff, B.A.; Brady, R.C.; Griffin, P.M.; Tippen, S.; Donnel, H.D.; Geldreich, E.; Payne, B.J., Meyer, A. e Wells, J.G. (1992). Um surto de *Escherichia coli* O157:H7 transmitido pela água no Missouri, associado a diarreia sanguinolenta e morte. *Ann. Internal Med.,* 117: 812-819.

Tanaka, H.; Nagabayashi, H. e Yamauchi, K. (2000). Observation of wave set-up height in a river mouth, *Proceedings of 27th* International Conference on Coastal Engineering, *ASCE.,* 3458-3471.

Tarr, P.I. e Neill, M.A. (2001). *Escherichia coli* O157:H7. *Gastroenterol. Clin. North Am.,* 30: 735-751.

Ternes, T.A. e Joss, A. (2006). Human pharmaceuticals, hormones and fragrances. The challenge of micropollutants in urban water management, *IWA* Publishing, Londres, Reino Unido.

Thomas, A.; Cheasty, T.; Frost, J.A.; Chart, H.; Smith, H.R. e Rowe, B. (1996). *Escherichia coli* produtora de citotoxina Vero, particularmente o serogrupo O157, associada a infecções humanas em Inglaterra e no País de Gales: 1992-4. *Epidemiol. Infect.,* 117: 1-10.

Thomas, C.D. e Levin, M.A. (1978). Análise quantitativa de estreptococos do grupo D. Abs. Reunião Anual, *Am. Soc. Microbiol,* p. 210.

Thomas, C.; Gibson, H.; Hill, D.J. e Mabey, M. (1999). Epidemiologia de *Campylobacter*: Uma perspetiva aquática. *J. Appl. Microbiol.,* **85:** 168-177.

Thomas, E.L. (1979). Sistema antimicrobiano de mieloperoxidase, peróxido de hidrogénio e cloreto: derivados azotados-clorados de componentes bacterianos na ação bacteriana contra *Escherichia coli. Infect. Immun.,* **23:** 522-531.

Thompson, J.D.; Gibson, T.J; Plewniak, F.; Jeanmougin, F. e Higgins, D.G. (1997). The CLUSTAL-X windows interface: estratégias flexíveis para o alinhamento de sequências múltiplas auxiliado por ferramentas de análise de qualidade.

Tindberg, Y.; Bengtsson, C.; Granath, F.; Blennow, M.; Nyren, O. e Granstrfom, M. (2001). *Helicobacter pylori* infection in Swedish school children: lack of evidénce of child-to-child transmission outside the family. *Gastroenterol,* **121:** 310-316.

Tishyadhigma, P.; Sirisawai, P. e Yabunchi, E. (1995). Environmntal surveillance of *Legionella* species in Tailand. *J. Med. Assoc. Thai.,* **78:** 57-71.

USAID (Agência dos Estados Unidos para o Desenvolvimento Internacional) (2007). Governação de New Valley, Aldeia de El Mounira, Oásis de Kharga, Aldeia de Balat, Oásis de Dakhla. Organização Nacional de Água Potável e Drenagem Sanitária (NOPWASD) Projeto USAID n.º 2630236.

USDA: APHIS (1994). *Escherichia coli* O157:H7. *Issues and Ramifications,* **12:** 1-7.

USEPA (Agência de Proteção Ambiental dos EUA) (1986). Ambient water quality criteria for bacteria (Critérios de qualidade da água para bactérias). EPA 440-584002 USEPA, Washington, D.C.

USEPA (Agência de Proteção Ambiental dos EUA) (1992).

Directrizes para a reutilização da água. USEPA, Washington, D.C.

Van Duynhoven, Y.T. e de Jonge, R. (2001). Transmissão da *Helicobacter pylori:* um papel para os alimentos? *Bull. World Heal. Organi.,* **79:** 455-460.

Van Loosdrecht, C.M.M.; Lyklema, J.; Norde, W.; Scharaa, G.   e Zehnder, A.J.B. (1987).

Mobilidade electroforética e hidrofobicidade como medida para prever o passo inicial da adesão bacteriana. *Appl. Environ. Microbiol.,* **53:** 1898-1900.

Vandenesch, F.; Surgot, M.; Bornstein, N.; Paucod, J.C.; Marmet, D.;

Isoard, P. e Fleurette, J. (1990). Relação entre ameba livre e *Legionella*: estudos in vitro e in vivo. *Zentralbl. Bakteriol,* **272:** 265-275.

Versalovic, J. e Fox, J.G. (1999). *Helicobacter.* Em Murray, P.R.; Baron, E.J.; Pfaller, M.A.; Tenover, F.C.; Yolken, R.H. (Eds.), Manual of clinical microbiology Washington, DC: *ASM Press.* 7th ed., pp. 727-737.

Vickers, R.M.; Brown, A. e Garrity, G.M. (1981). Meio de extrato de levedura de carvão tamponado contendo corante para diferenciação de membros da família *Legionellaceae. J. Clin. Microbiol.,* **13:** 380-389.

Villarino, A.; Rager, M.N.; Grimont, P.A.D. e Bouvet, O.M. (2003). As células de *Escherichia coli* K-12 não cultiváveis induzidas por UV estão vivas ou mortas. *Eur. J. Biochem,* **270:** 26892695.

Virto, R.; Manas, P.; Alvarez, I.; Condon, S. e Raso, I. (2005). Danos nas membranas e inativação microbiana pelo cloro na ausência e presença de um substrato exigente em cloro. *Appl. Environ. Microbiol.,* **71:** 50225028.

Visetsripong, A.; Pattaragulwanit, K.; Thaniyavarn, J.; Matsuura, R.; Kuroda, A. e Sutheinkul, O. (2007). Deteção de *Escherichia coli* O157: H7 *vt* e *rfb* (O157) por reação em cadeia da polimerase multiplex. Sudeste Asiático. *J. Trop. Med. Pub. Health,* **38:** 82-90.

Vital, M.; Hammes, F. e Egli, T. (2008). *A Escherichia coli* O157 pode crescer em água doce natural a baixas concentrações de carbono. *Environ. Microbiol,* **10:** 2387-2396.

Voytek, M.A.; Ashen, J.B.; Fogarty, L.R.; Kirshtein, J.D. e Landa, E.R. (2005). Deteção de *Helicobacter pylori* e bactérias indicadoras fecais em cinco rios norte-americanos. *J. Water Heal,* **3:** 405-422.

Waage, A.S.; Vardund, T.; Lund V. e Kapperud, G. (1999). Deteção de números baixos de *Salmonella* em amostras ambientais de água, esgotos e alimentos através de um ensaio de reação em cadeia da polimerase aninhada. *J. Appl. Microbiol,* **87:** 418-428.

Wang, W.L.L.; Blaser, M.J.; Cravens, J. e Johnson, M.A. (1979). Growth, survival, and resistance of the Legionnaires' disease bacterium (Crescimento, sobrevivência e resistência da bactéria da doença dos legionários). *Ann. Intern. Med.,* **90:** 614-618.

Wang, G. e Doyle, M.P. (1998). Survival of enterohemorrhargic *Escherichia coli* O157:H7 in water. *J. Food Prot.,* **61:** 662-667.

Wang, L.; Rothemund, D.; Curd, H. e Reeves, P.R. (2000). Sequence diversity of the *Escherichia coli* H7 fliC genes: implication for a DNA-based typing scheme for *E. coli* O157:H7. *J. Clin. Microbiol,* **38:** 1786-1790.

Warren, W.J. e Miller, R.D. (1979). Crescimento da bactéria da doença dos legionários (*Legionella pneumophila*) em meio quimicamente definido. *J. Clin. Microbiol,* **10:** 50-55.

Watanabe, T.; Shimohashi, H.; Kawai, Y. e Mutai, M. (1981). Estudos sobre estreptococos. Distribuição de estreptococos fecais no homem. *Microbiol. Immunol.,* **25:** 257-269.

Watkinson, A.J.; Micalizzi, G.B.; Graham, G.M.; Bates, J.B. e Costanzo, S.D. (2007). *Escherichia coli* resistente a antibióticos em águas residuais, águas superficiais e ostras de um sistema fluvial urbano. *Appl. Environ. Microbiol.,* **73:** 5667- 5670.

West, A.P.; Millar, M.R. e Tompkins, D.S. (1990). Survival of *Helicobacter pylori* in water and saline (Sobrevivência de *Helicobacter pylori* em água e soro fisiológico). *J. Clin. Pathol,* **43:** 609-617.

WGO (Organização Mundial de Gastroenterologia) (2010). Relatório de Directrizes Globais. *Helicobacter pylori* nos países em desenvolvimento. P. 1-15.

White, G.C. (1999). Handbook of chlorination and alternative disinfectants, 4th ed. John Wiley & Sons, Inc., Nova Iorque.

Whitman, R.L.; Shively, D.A.; Pawlik, H.; Nevers, M.B. e Byappanahalli, M.N. (2003). Ocorrência de *Escherichia coli* e enterococos em *Cladophora* (Chlorophyta) em águas costeiras e areia de praia do Lago Michigan. *Appl. Environ. Microbiol.,* **69:** 4714-4719.

OMS (Organização Mundial de Saúde) (1997). Desinfeção. In: Pacotes de seminários da OMS para a qualidade da água potável. Genebra, Suíça. Acedido em 10 de fevereiro de 2006. www.who.int/water sanitation health/dwq/S 13.pdf

OMS (Organização Mundial de Saúde) (2002). Medição da contagem de placas heterotróficas na gestão da segurança da água potável. Relatório de uma reunião de peritos, Genava.

OMS (Organização Mundial de Saúde) (2003). Série Qualidade da Água Potável, OCDE-OMS, Paris, França.

OMS (Organização Mundial de Saúde) (2005). Legionelose. De.http://www.who.int/mediacentre/factsheets/fs285/en.

OMS (Organização Mundial de Saúde) (2009). Riscos globais para a saúde: Mortalidade e carga de doença atribuível a riscos importantes seleccionados. Disponível em linha. http://www.who.int/healthinfo/global burden disease/Glo balHealthRisks report full. pdf.

Wiedenmann, A.; Braun, M. e Botzenhart, K. (1997). Avaliação do potencial de desinfeção de baixas concentrações de cloro na água da torneira utilizando *Enterococcus faecium* imobilizado num dispositivo de fluxo contínuo. *Wat. Sci.Technol.***35:**77-80.

Wilkerson, C.; Samadpour, M.; van Kirk, N. e Roberts, M.C. (2004). Resistência a antibióticos e distribuição de genes de resistência à tetraciclina em isolados de *Escherichia coli* O157:H7 de humanos e bovinos. *Antimicrob. Agents Chemother,* **48:** 1066-1077.

Wilkesa, G.; Edgeb, G.T.; Gannonc, V.; Jokinenc, C.; Lyauteyd, E.; Medeirose, D.; Neumannf, N.; Rueckerg, N.; Toppd, E. e Lapena, D.R. (2009). Relações sazonais entre bactérias indicadoras, bactérias patogénicas, oocistos *de Cryptosporidium,* cistos *de Giardia* e índices hidrológicos para águas superficiais numa paisagem agrícola. *Water Res.,* **43:** 2209-2223.

Willems, P.; Radwan, M.; El-Sadek, A. e Abdel-Gawad, S. (2005). Hydrodynamic modelling of the Rosetta branch in the Nile Delta, Conferência Internacional da UNESCO Flandres FIT FRIEND/Nile Project, Towards a better cooperation, Sharm El-Sheikh, Egipto, 20-23.

Williams, A.P.; Avery, L.M.; Killham, K. e Jones, D.L. (2007). Persistência, dissipação e atividade de *Escherichia coli* O157:H7 em ambientes de areia e água do mar. *FEMS Microbiol. Ecol.,* **60:** 24-32.

Willshaw, G.A.; Smith, H.R.; Cheasty, T.; Wall, P.G. e Rowe, B. (1997). Surtos de *Escherichia coli* O157 produtora de verocitotoxina em Inglaterra e no País de Gales, 1995: métodos fenotípicos e subtipagem genotípica. *Emerg. Infect. Dis.,* **3:** 561-565.

Willshaw, G.A.; Cheasty, T.; Smith, H.R.; O'Brien, S.J. e Adak, G.K. (2001). *Escherichia coli* produtora de verocitotoxina (VTEC) O157 e outras VTEC provenientes de infecções humanas em Inglaterra e no País de Gales: 1995-1998. *J. Med. Microbiol,* **50:** 135-142.

Winfield, M.D. e Groisman, E.A. (2003). Role of non-host environments in the lifestyles of *Salmonella* and *Escherichia coli* (Papel dos ambientes não hospedeiros nos estilos de vida de *Salmonella* e *Escherichia coli). Appl. Environ. Microbiol.,* **69:** 36873694.

Witham, P.K.; Yamashiro, C.T.; Livak, K.J. e Batt, C.A. (1996). Um ensaio baseado em PCR para a deteção de genes de toxinas semelhantes a *Escherichia coli* Shiga em carne moída. *Appl. Environ. Microbiol,* **62:** 1347-1353.

Wojcik-Fatla1, A.; Stojek, N.M. e Jacek Dutkiewicz, J. (2012). Eficácia da deteção de *Legionella* em amostras de água quente e fria por cultura e PCR. Padronização de métodos. *Ann. Agri. Environ. Med.,* **19:** 289-293.

Wong, C.S.; Jelacic, S.; Habeeb, R.L.; Watkins, S.L. e Tarr, P.I. (2000). The risk of the hemolytic-uremic syndrome after antibiotic treatment of *Escherichia coli* O157:H7 infections. *N. Engl. J. Med.,* **342:** 1930-1936.

Yamamoto, H.; Hashimoto, Y. e Ezaki, T. (1996). Estudo de células não cultiváveis de *Legionella pneumophila* durante a inanição de múltiplos nutrientes. *FEMS, Microbiol. Ecol.,* **20:** 149-154.

Yates, M.V. (2007). Indicadores clássicos no século 21st - muito e para além do coliforme. *Water Environ. Res.,* **79:** 279286.

Yokomaku, D.; Yamaguchi, N. e Nasu, M. (2000). Procedimento melhorado de contagem direta viável para a estimativa quantitativa da viabilidade bacteriana em ambientes de água doce. *Appl. Environ. Microbiol.,* **66:** 55445548.

Zadik, P.M.; Chapman, P.A. e Siddons, C.A. (1993). Utilização de telurito para a seleção de *Escherichia coli* O157 vero-citoxigénica. *J. Med. Microbiol,* **39:** 155-158.

Zaghloul, S. e Elwan, H. (2011). Deterioração da qualidade da água do Delta do Médio Nilo devido à expansão da urbanização, Egipto. 15th Conferência Internacional de Tecnologia da Água, Alex., Egipto.

Zhai, Q.; Coyne, M.S. e Barnhisel, R.J. (1995). Taxas de mortalidade de bactérias fecais em subsolo alterado com estrume de aves de capoeira. *Bioresource. Technol.,* **54:** 165-169.

Zhang, X.; McDaniel, A.D.; Wolf, L.E.; Keusch, G.T.; Waldor, M.K. e Acheson, D.W. (2000). Os antibióticos de quinolona induzem bacteriófagos codificadores de toxina Shiga, produção de toxina e morte em ratos. *J. Infect. Dis.,* **181:** 664-670.

Apêndice I.
Meios e reagentes

Neste estudo foram utilizados os seguintes meios e reagentes.

1. Media

• Med. 1: Ágar para contagem de placas (Difco™)

Este meio foi utilizado para a contagem de bactérias viáveis totais a partir de amostras de água.

Composição típica (g/litro)

Triptona 5.00

Extrato de levedura 2,50

Glucose 1.00

Ágar 15.0

Água destilada 1000ml O pH deve ser 7,0 ± 0,2 após autoclavagem a 121°C durante 15 minutos.

• Med. 2: Caldo de Lauryl tryptose (Difco™)

Este meio foi utilizado como um teste presuntivo para a deteção de CT em amostras de água utilizando a técnica MTF.

Composição típica (g/litro)

Triptose 20.0

Lactose 5,00

Hidrogénio fosfato dipotássico, $K\,HPO_{24}$ 2,75

Di-hidrogenofosfato de potássio, $KH_2\,PO_4$ 2,75

Cloreto de sódio, NaCl 5,00

Lauril sulfato de sódio 0,10

Água destilada 1000 ml

O pH deve ser de 6,8±0,2 após autoclavagem a 121°C durante 15 minutos.

Med. 3: Caldo de lactose biliar verde brilhante (BGB) (Difco™)

Este meio foi utilizado como um teste confirmado para a deteção e enumeração de CT em amostras de água utilizando a técnica MTF.

Composição típica (g/litro)

Peptona 10.0

Lactose 10. 0

Oxgall 20.0

Verde brilhante 0,0133

Água destilada 1000ml

O pH deve ser de 7,2 ± 0,2 após autoclavagem a 121°C durante 15 minutos.

Med. 4: Caldo EC (Difco™)

Este meio foi utilizado para a deteção, confirmação e

isolamento de CF em amostras de água utilizando a técnica MTF.

Composição típica (g/litro)

Triptose ou tripticase 20.0

Lactose 5,00

Mistura de sais biliares ou sais biliares n.º 3 1,50

Hidrogénio fosfato dipotássico (K HPO$_{24}$) 4,00

Di-hidrogenofosfato de potássio (KH$_2$ PO$_4$) 1,50

Cloreto de sódio, (NaCl) 5,00

Água destilada ou água desionizada 1000ml

O pH deve ser de 6,9 ± 0,1 após autoclavagem a 121°C durante 15 minutos.

• **Med. 5: Caldo de azida dextrose (Difco™)**

Este meio foi utilizado como um teste presuntivo para a

deteção de FS em amostras de água utilizando a técnica MTF.

Composição típica (g/litro)

Extrato de carne de bovino 4,50

T riptona ou polipeptona 15.0

Glicose 7,50

Cloreto de sódio, NaCl 7,50

Azida de sódio, NaN$_3$ 0,20

Água destilada ou água desionizada 1000ml

O pH deve ser de 7,2 ± 0,2 após autoclavagem a 121°C durante 15 minutos.

-Med. 6: Ágar *Pfizer* seletivo para Enterococcus (*PSE*)

Este meio foi utilizado como um teste confirmado para a deteção de FS em amostras de água utilizando a técnica MTF.

Composição típica (g/litro)

Peptona C 17.0

Peptona D 3.00

Extrato de levedura 5,00

Bílis bacteriológica 10.0

Cloreto de sódio, NaCl 5,00

Citrato de sódio 1,00

Esculina 1.00

NaN 0,25

Citrato de amónio férrico 0,50

Água destilada ou água desionizada 1000ml O pH deve ser de 7,1 ± 0,2 após a esterilização.

-Med. 7: Base de ágar seletivo HiCrome EC O157:H7 (Himedia™)

Este meio foi utilizado para isolamento, enumeração e seleção

de *E. coli* O157:H7 em amostras de água.

Composição típica (g/litro)

Hidrolisado enzimático de casimira 8,00

Sorbitol 7,00

Mistura de sais biliares 1,50

Lauril sulfato de sódio 0,10

Mistura cromogénica 0,25

Ágar 15,0

Água destilada ou água desionizada 1000ml O pH deve ser de 6,8 ± 0,2, não autoclavar.

Composição do frasco (mg/vial para 1000 ml de meio) (Himedia™)

Novobiocina 10.0

Telureto de potássio 1,00

Modo de utilização: Rehidratar assepticamente o conteúdo de 1 frasco com 10 ml de água destilada estéril. Misturar bem e adicionar assepticamente a 990 ml de Agar Base seletivo HiCrome EC O157:H7 estéril, fundido e arrefecido (45-50° C), misturar bem e verter em placas de Petri estéreis.

-Med. 8: Base de ágar sorbitol HiCrome MacConky (HiMedia™)

Este meio foi utilizado para o isolamento seletivo, enumeração e seleção de *E. coli* O157:H7 a partir de amostras de água.

Composição típica (g/litro)

Hidrolisado enzimático de casina 17.0

Proteose peptona 3.00

Sorbitol 10.0

Mistura de sais de bile 1,50

Cloreto de sódio 5,00

Cristal violeta 0,001

Vermelho neutro 0,03

Indicador B.C. 0.10

Ágar 13,5

Água destilada ou água desionizada 1000 ml

O pH deve ser de 6,8 ± 0,2, não autoclavar.

Composição do frasco (mg/vial para 500 ml de meio) (HiMedia™)

Cefixima 1,25

Telureto de potássio 0,025

Instruções: O conteúdo rehidratado de 1 frasco de Tellurite Cefixime Supplement (FD147) pode ser adicionado assepticamente a 495 ml de meio estéril fundido e arrefecido (50° C) antes de ser vertido em placas de Petri estéreis.

* **Med. 9: Base de ágar de extrato de levedura de carvão tamponado (BCYE) (HiMedia™)**

Este meio foi utilizado para o isolamento, enumeração e

seleção de *Legionella* spp. a partir de amostras de água.

Composição típica (g/litro)

Tampão ACES 10.0

Extrato de levedura 10.0

Sal monopotássico de α-cetoglutarato 1,00

Carvão ativado 2,00

Ágar 17,0

Água destilada ou água desionizada 1000ml O pH deve ser de 6,9 ± 0,2 após autoclavagem a 121°C durante 15 minutos.

Composição do frasco (mg/vial para 500 ml de meio) (Himedia™)

Cefalotina 2.00

Sulfato de colistina 8,00

Vancomicina 0,25

Cicloheximida 40,0

Modo de utilização: Rehidratar assepticamente o conteúdo (CCVC) de 1 frasco com 5 ml de etanol a 50%. Misturar bem e adicionar assepticamente a 500 ml de base de ágar BCYE estéril, fundida e arrefecida (45-50° C), misturar bem e verter em placas de Petri estéreis.

- **Med. 10: Base de ágar Columbia (Lab M™)**

Este meio foi utilizado para o isolamento, enumeração e seleção de *Helicobacter pylori a* partir de amostras de água.

Composição típica (g/litro)

Mistura de peptonas de Columbia 23.0

Amido de milho 1,00

Cloreto de sódio, NaCl 1,00

Ágar n.º 2 12 .0

Água destilada ou água desionizada 1000ml

O pH deve ser de 7,3 ± 0,2 após autoclavagem a 121°C durante 15 minutos. Arrefecer até 47° C e adicionar 5-7% de sangue de carneiro desfibrinado.

Composição do frasco (mg/vial para 500 ml de meio) (Oxoid™)

Vancomicina 5,00

T rimetoprim 2,50

Cefsulodina 2,50

Anfotericina B 2,50

Modo de utilização: Reidratar assepticamente o conteúdo de 1 frasco com 2 ml de água destilada estéril. Misturar bem e adicionar assepticamente a 500 ml de base de ágar Columbia estéril, fundida e arrefecida (45-50° C) e 25 ml de sangue de carneiro, misturar bem e verter em placas de Petri estéreis.

- **Med. 11: Água de peptona**

Este meio é utilizado para cultivar organismos não fastidiosos, para estudar padrões de fermentação de hidratos de carbono e para efetuar o teste do indol.

Composição típica (g/litro)

Peptona 10.0

Cloreto de sódio, NaCl 1,00

Água destilada ou água desionizada 1000ml

O pH deve ser de 7,2 ± 0,2 após autoclavagem a 121°C durante 15 minutos.

- **Med. 12: Caldo de soja tríptico (TSB) (Difco™)**

Este meio foi utilizado para o enriquecimento dos controlos positivos utilizados nesta investigação, bem como para o refrescamento dos isolados.

Composição típica (g/litro)

Bacto Triptona 17.0

Bacto Soytone 3.00

Bacto Dextrose 2,50

Cloreto de sódio NaCl 5,00

Fosfato dipotássico 2,50

Água destilada ou água desionizada 1000ml pH 7,3 ± 0,2 após autoclavagem a 121°C durante 15 minutos.

- **Med. 13: Ágar MÜller Hinton II (BBL™)**

O ágar Mueller Hinton II é utilizado em testes de suscetibilidade antimicrobiana pelo método de difusão em disco. Esta fórmula está em conformidade com o Clinical and Laboratory Standard Institute (CLSI), antigo National Committee for Clinical Laboratory Standards (NCCLS).

Composição típica (g/litro)

Extrato de carne de bovino 2.00

Hidrolisado ácido de caseína 17,5

Amido 15.0

Ágar 17.0

Água destilada ou água desionizada 1000ml pH 7,3 ± 0,1 após autoclavagem a 121°C durante 15 minutos.

- **Med. 14: Ágar de infusão de vitela (Himedia™)**

Utilizado para testes serológicos de isolados de *E. coli* O157.

Composição típica (Gms/litro)

Infusão de vitela de 500

Proteose peptona 10.0

Cloreto de sódio 5,00

Água destilada ou água desionizada 1000ml pH 7,4 ± 0,2 após autoclavagem a 121°C durante 15 minutos.

- **Med. 15: Caldo de ureia (Sigma-Aldrich™)**

Este meio foi utilizado como meio diferencial para a deteção de microrganismos utilizadores de ureia.

Composição típica (g/litro)

Extrato de levedura 0,10

Hidrogenofosfato de di-sodiun 9,50

Di-hidrogenofosfato de potássio 9.10

Ureia 20,0

Água destilada 1000ml

pH 6,8 ± 0,1, não autoclavável. Esterilizado por filtração.

- **Med. 16: Meio de motilidade**

Este meio foi utilizado para o estudo da motilidade bacteriana.

Composição típica (g/litro)

Extrato de carne de bovino 3,00

Peptona   10.0

Cloreto de sódio 5,00

Ágar-ágar 4,00

Água destilada 1000ml

pH 7,4 ± 0,2 após autoclavagem a 121°C durante 15 minutos.

- **Med. 17: Meio de redução de nitratos (Sigma-Aldrich™)**

A redução de nitrato foi testada quanto à presença ou ausência de nitrito (após incubação) como um indicador da redução de nitrato. Os resultados são complicados pela possibilidade de o nitrito poder ser ainda reduzido a outros compostos.

Composição típica (g/litro)

Peptona 5.00

Extrato de carne 3,00

Nitrato de potássio KNO_3 1.00

Água destilada 1000ml

pH 7,0 ± 0,2 após autoclavagem a 121°C durante 15 minutos.

- **Med. 18: Nutriente Gelatina (meio de hidrólise de gelatina) (Difco ™)**

Utilizado para a determinação da liquefação de gelatina (produção de gelatinase) por microrganismos.

Composição típica (g/litro)

Extrato de carne de bovino 3.00

Peptona 5.00

Gelatina 120

Água destilada ou água desionizada 1000ml

pH 6,8 ± 0,2 após autoclavagem a 121°C durante 15 minutos.

- **Med. 19: caldo de infusão cérebro-coração (Oxoid)**

Utilizado para o cultivo de *Legionella* spp. e *H. pylori.*

Composição típica (g/litro)

Sólidos de infusão cerebral 12,5

Sólidos de infusão de coração de bovino 5,00

Proteose peptona 10.0

Glucose   2.00

Cloreto de sódio 5,00

Fosfato dissódico 2,50

Água destilada ou água desionizada 1000ml

pH 7,4 ± 0,2 após autoclavagem a 121°C durante 15 minutos.

2. Reagente

2.1. Reagente de Kovacs para o teste do indol

Contém: 5,0 g de p-dimetilaminobenzaldeído, 75 ml de álcool amílico 25 ml de HCl conc. Dissolver o aldeído no álcool por aquecimento suave num banho de água a cerca de 50-55°C. Arrefecer e adicionar o ácido, proteger da luz e armazenar a 4°C.

2.2. Reagentes para o teste de nitratos

Solução (A)

0,8 % de ácido sulfanílico em ácido acético 5 N, dissolver por aquecimento suave.

Solução (B)

0,6 % de dimetil-α-naftilamina em ácido acético 5 N ou 0,5 % de α-naftilamina em ácido acético 5 N, dissolver por aquecimento suave. **2.3. Reagentes necessários para a determinação do cloro 2.3.1. Preparação do indicador de amido**

Foram adicionados 5 g de amido a um pouco de água fria e, em seguida, vertidos para um litro de água destilada a ferver, depois de assentados durante uma noite. Foi utilizado o sobrenadante límpido.

2.3.2. Preparação da solução de dicromato de potássio

Dissolver 1,225 g de dicromato de potássio ($K_2Cr_2O_7$) (0,025 N) num litro de água destilada.

2.3.3. Preparação da solução padrão de tiossulfato de sódio

Dissolver 6,205 g de tiossulfato de sódio ($Na_2S_2O_3.5H_2O$) (0,025 N) em 1 litro de água destilada recentemente fervida e padronizar com dicromato de potássio.

2.3.4. Preparação da solução tampão de fosfato

Dissolveram-se 24 g de Na_2HPO_4 anidro e 46 g de KH_2PO_4 anidro em água destilada, combinando-os depois com 100 ml de água destilada, na qual se dissolveram 800 mg de sal dissódico de EDTA, e diluindo-os depois para um litro.

2.3.5. Preparação da solução indicadora de N, N-dietil-p-fenilenodiamina (DPD)

Um g de oxalato de DPD, ou 1,5 g de sulfato de DPD penta-hidratado, ou 1,1 g de sulfato de DPD anidro foi dissolvido em água destilada sem cloro contendo 8 ml (1+3) de H_2SO_4 e 200 mg de sal dissódico de EDTA. Em seguida, o volume foi completado até um litro e armazenado num frasco de vidro castanho Stoppard no escuro, sendo rejeitado quando colorido. **2.4. Preparação do gel de agarose (2%) para eletroforese**

Dissolveu-se 1 g de agarose em 50 ml de tampão TAE num Erlenmeyer de 250 ml e aqueceu-se a 100° C num micro-ondas durante 1 min ou em banho-maria durante 30-45 min. Em seguida, arrefeceu-se até 60° C e adicionou-se 4 µl de brometo de etídio (10mg/ml), misturou-se bem para evitar a formação de bolhas e verteu-se para a câmara de eletroforese em gel. O pente foi fixado horizontalmente para fazer as ranhuras. O gel tinha 3-5 mm de espessura; depois de o gel solidificar (30- 40 min), o pente foi cuidadosamente removido e autoclavado. Cobrir o gel com uma quantidade suficiente de tampão TAE 1X que foi adicionado à cuba.

I want morebooks!

Buy your books fast and straightforward online - at one of world's fastest growing online book stores! Environmentally sound due to Print-on-Demand technologies.

Buy your books online at
www.morebooks.shop

Compre os seus livros mais rápido e diretamente na internet, em uma das livrarias on-line com o maior crescimento no mundo! Produção que protege o meio ambiente através das tecnologias de impressão sob demanda.

Compre os seus livros on-line em
www.morebooks.shop

Printed by Books on Demand GmbH, Norderstedt / Germany